# PR für vegane und nachhaltige Produkte

Katrin Kasper

# PR für vegane und nachhaltige Produkte

Presse- und Öffentlichkeitsarbeit für Unternehmen und Startups mit Purpose

Katrin Kasper
Kasper Kommunikation
Hamburg, Deutschland

ISBN 978-3-658-44629-1    ISBN 978-3-658-44630-7  (eBook)
https://doi.org/10.1007/978-3-658-44630-7

Die Deutsche Nationalbibliothek verzeichnet diese Publikation in der Deutschen Nationalbibliografie; detaillierte bibliografische Daten sind im Internet über https://portal.dnb.de abrufbar.

© Der/die Herausgeber bzw. der/die Autor(en), exklusiv lizenziert an Springer Fachmedien Wiesbaden GmbH, ein Teil von Springer Nature 2024, korrigierte Publikation 2024

Das Werk einschließlich aller seiner Teile ist urheberrechtlich geschützt. Jede Verwertung, die nicht ausdrücklich vom Urheberrechtsgesetz zugelassen ist, bedarf der vorherigen Zustimmung des Verlags. Das gilt insbesondere für Vervielfältigungen, Bearbeitungen, Übersetzungen, Mikroverfilmungen und die Einspeicherung und Verarbeitung in elektronischen Systemen.
Die Wiedergabe von allgemein beschreibenden Bezeichnungen, Marken, Unternehmensnamen etc. in diesem Werk bedeutet nicht, dass diese frei durch jedermann benutzt werden dürfen. Die Berechtigung zur Benutzung unterliegt, auch ohne gesonderten Hinweis hierzu, den Regeln des Markenrechts. Die Rechte des jeweiligen Zeicheninhabers sind zu beachten.
Der Verlag, die Autoren und die Herausgeber gehen davon aus, dass die Angaben und Informationen in diesem Werk zum Zeitpunkt der Veröffentlichung vollständig und korrekt sind. Weder der Verlag noch die Autoren oder die Herausgeber übernehmen, ausdrücklich oder implizit, Gewähr für den Inhalt des Werkes, etwaige Fehler oder Äußerungen. Der Verlag bleibt im Hinblick auf geografische Zuordnungen und Gebietsbezeichnungen in veröffentlichten Karten und Institutionsadressen neutral.

Planung/Lektorat: Maximilian David
Springer Gabler ist ein Imprint der eingetragenen Gesellschaft Springer Fachmedien Wiesbaden GmbH und ist ein Teil von Springer Nature.
Die Anschrift der Gesellschaft ist: Abraham-Lincoln-Str. 46, 65189 Wiesbaden, Germany

Wenn Sie dieses Produkt entsorgen, geben Sie das Papier bitte zum Recycling.

# Vorwort

*Nichts ist mächtiger als eine Idee, deren Zeit gekommen ist.*

Victor Hugo

Bücher über Presse- und Öffentlichkeitsarbeit gibt es reichlich. Aber keines speziell zur PR für vegane und nachhaltige Produkte. Dabei birgt sie besondere Herausforderungen – von extrem diversen Zielgruppen über gesetzliche Restriktionen für die Bezeichnung der Produkte bis zu einem Image, mit dem selbst Tabakkonzerne, Rüstungsindustrie und Lord Voldemort nicht würden tauschen wollen.

PR für vegan ist die Königsdisziplin. Als ich vor 15 Jahren damit begann – aus meiner persönlichen Überzeugung heraus und aus Freude am neuen Lebensstil –, wussten viele nicht mal, was das Wort bedeutet. Heute hat sich das zwar geändert, aber noch immer sorgt in Deutschland allein der Aufruf, man möge weniger Fleisch essen, für Schnappatmung. Es gibt eine Menge Vorurteile, Fehlinformationen und Unwissen. Und die Frage ist, wie Unternehmen, die vegane und nachhaltige Produkte vermarkten wollen, kommunikativ am besten damit umgehen.

Als Kommunikationsexpertin berate ich Unternehmen, Startups und Verbände, die einen höheren Zweck verfolgen: eine Vision von einer lebensfreundlicheren Welt. Meine Erfahrungen aus dieser Arbeit möchte ich in diesem Buch teilen.

Denn eine erfolgreiche Presse- und Öffentlichkeitsarbeit ist elementar, um Verbraucher von veganen und nachhaltigen Produkten zu überzeugen. Und nebenbei die Welt zu verbessern.

Ich danke meinen Kundinnen und Kunden, die sich mit so viel Mut und Herzblut für den Purpose ihrer Organisationen einsetzen. Ich danke meinem Mann Udo für seine unendliche Geduld und allgegenwärtige Hilfe. Und ich danke meinen drei wundervollen Töchtern, die allein schon Purpose genug sind. Ich durfte so viel von Euch lernen.

Katrin Kasper

---

Die Originalversion des Buchs wurde revidiert. Ein Erratum ist verfügbar unter https://doi.org/10.1007/978-3-658-44630-7_8

# Inhaltsverzeichnis

| | | |
|---|---|---|
| **1** | **Einleitung: Wir sind die Guten! – Warum dann noch PR und Pressearbeit?** | 1 |
| | Literatur | 3 |
| **2** | **Unsere Zielgruppen – oder: die Schizophrenie der Konsumenten** | 5 |
| | 2.1 Weiblich, jung und flexitarisch | 6 |
| | 2.2 Kaufgründe – und was dagegen spricht | 8 |
| | 2.3 Kommunikationsziele festlegen | 11 |
| | Literatur | 12 |
| **3** | **Positionierung und USP** | 15 |
| | 3.1 Eine Frage der Haltung | 16 |
| | 3.2 Raus aus der Nische | 18 |
| | Literatur | 20 |
| **4** | **Unterhalten statt belehren** | 21 |
| | 4.1 Sprache finden | 23 |
| | 4.2 Mit Humor gegen Sprachverbote und Hater | 26 |
| | 4.3 Die Macht der Bilder – und der Verpackung | 29 |
| | Literatur | 31 |
| **5** | **Fakten, Fakten, Fakten: Impact messen und veranschaulichen** | 33 |
| | 5.1 Transparent auch bei Schwachstellen | 36 |
| | 5.2 Themen entwickeln | 39 |
| | Literatur | 41 |

| | | | |
|---|---|---|---|
| **6** | **Medienarbeit für den „Social Proof"** | | 43 |
| | 6.1 Pressemeldung und Nachrichtenfaktoren | | 45 |
| | 6.2 Nachrichten schaffen: Studien, Events und Aktionen | | 48 |
| | 6.3 Tipps zu Aufbau, Sprache und Stil | | 49 |
| | 6.4 Tools für die Medienarbeit | | 53 |
| | | 6.4.1 Der Online-Pressebereich | 55 |
| | | 6.4.2 Nachfassen – wie weit kann ich gehen? | 56 |
| | | 6.4.3 Erfolge der Medienarbeit messen | 57 |
| | Literatur | | 59 |
| **7** | **Das neue Normal kommunizieren – auf allen Kanälen** | | 61 |
| | 7.1 Storytelling | | 63 |
| | 7.2 Soziale Medien und Influencer optimal einsetzen | | 68 |
| | 7.3 Crossmediale Kommunikation organisieren | | 70 |
| | 7.4 Zusammenarbeit mit Agenturen | | 72 |
| | Literatur | | 75 |
| **Erratum zu: PR für vegane und nachhaltige Produkte** | | | E1 |

# Über die Autorin

Fotocredit: Dennis Williamson

**Katrin Kasper** arbeitet seit 25 Jahren als Kommunikationsexpertin in der PR – heute vor allem für vegane und nachhaltige Produkte.

Nach dem Studium der Publizistik und der Politikwissenschaft startete sie bei Ericsson in Düsseldorf als Chefredakteurin und wurde Managing Editor Online. Sie arbeitete schon mit Online-Medien, als das Internet noch in den Kinderschuhen steckte. Anschließend ging sie als Projektmanagerin für Kellogg zu einer der ersten deutschen Internetagenturen.

2001 gründete Katrin Kasper die PR-Agentur KASPER Kommunikation in Hamburg. Sie unterstützt und berät bei der Presse- und Öffentlichkeitsarbeit, der Kommunikationsstrategie und beim Content Marketing – vom Startup über Verbände bis zum Großkonzern.

Nebenbei schreibt Katrin Kasper für Print- und Online-Medien und teilt ihr Wissen als Dozentin, u. a. an der Akademie für Publizistik.

www.kasper-kommunikation.de

# Einleitung: Wir sind die Guten! – Warum dann noch PR und Pressearbeit?

# 1

Trotz des Veggie-Booms ist für die meisten Menschen hierzulande das Fleischessen die Norm. Es ist ein Teil ihrer Identität und vermittelt vermeintliche Sicherheit in einer immer komplexeren Welt. Am Braten aus der Kindheit hängen große Gefühle. Und dank einprogrammiertem Konformismus verhalten wir uns gerne normgerecht. Wer davon abweicht, wird kritisch beäugt – und schnell als Bedrohung empfunden.

Entsprechend emotional fielen die Reaktionen aus, als die Grünen vor zehn Jahren den Veggie-Day ausriefen. Oder als Volkswagen vor zwei Jahren die Currywurst in der Kantine strich. Und als kürzlich die Deutsche Gesellschaft für Ernährung (DGE) ankündigte, die empfohlene Höchstmenge für den Fleischverzehr abzusenken. Von Bevormundung war die Rede, und vom Verlust persönlicher Freiheit. Rationale Argumente wie Umwelt- und Klimaschutz, Tierwohl und Gesundheit fallen in hitzigen Diskussionen meist unter den Tisch.

„In Deutschland gibt es gefühlt zwei Dinge, die man nicht anrühren darf: Das eine ist der Dienstwagen, das andere das Schnitzel", sagte der Wirtschaftsethiker Nick Lin-Hi in einem Interview. In beiden Fällen komme es immer zu massiven Reaktionen, man schalte in den Angriffsmodus. Den Grund dafür sieht Lin-Hi in unserer mangelnden mentalen Veränderungsbereitschaft – ähnlich wie bei der Einführung der Gurtpflicht in den 1970ern: „Eine Katastrophe für viele: Beschneidung der Freiheit, das ist das Ende des Glücks, die ganze Welt geht unter. Das ist ein ganz typischer Mechanismus (Lin-Hi 2023)."

Viele Verbände und Hersteller von veganen Ersatzprodukten treten zwar öffentlich für eine pflanzlichere Ernährung ein. Aber ihnen wird schnell mangelnde Glaubwürdigkeit unterstellt. Und solange Schulbücher noch die Nutztierhaltung preisen, Kinderärzte Fleisch empfehlen und Konzerne Milliarden in Werbung für Tierprodukte stecken, haben die Pioniere der Pflanzenkost es schwer.

Kommunikation ist der wichtigste Hebel, um die Wahrnehmung der Menschen und damit ihr Verhalten zu ändern. PR-Kampagnen können aktuelle gesellschaftspolitische Themen setzen – oder bestehende Stereotypen manifestieren und damit verfestigen. PR kann also echten Wandel bewirken.

Umso wichtiger ist es für vegane und nachhaltige Marken, ihr Marketing, ihre Kommunikation und ihren Verkauf zu professionalisieren, sodass sie auch im normalen Wettbewerb mithalten – von der Produktbezeichnung über die Medienarbeit bis zum Verpackungsdesign. Dabei müssen sie strategisch arbeiten: Es gilt, Anziehungskraft dort zu schaffen, wo sie schwer herstellbar ist. Nur so lassen sich Menschen von den Vorteilen pflanzlicher Ernährung überzeugen – für sie selbst, für die Tiere und für den Planeten. Denn die Akzeptanz durch die Konsumenten ist die Basis für eine pflanzenbetonte Ernährung – und dafür, dass die Produkte sich verkaufen.

Dazu gehört viel Recherche, ein tiefes Verständnis der Zielgruppen, der Märkte und ihres gesellschaftlichen Umfeldes. Es braucht ganzheitliche Kommunikationskonzepte, die die richtigen Kommunikationskanäle für die jeweiligen Zielgruppen berücksichtigen und synergetisch vernetzen – vom Point-of-Sale (PoS) über die Pressearbeit bis zu den sozialen Medien. Es braucht relevante Themen, sauber recherchierte Fakten und eine zielgruppengerechte Ansprache.

Der Aufwand lohnt sich: „Wenn Verbraucher etwas über eine Firma in einem Bericht lesen, im Podcast hören oder im TV-Bericht sehen, ist das glaubwürdiger als jegliche bezahlte Werbung", erklärt Godo Röben, Ex-Marketingchef bei Rügenwalder Mühle, das Erfolgsrezept des Wurstfabrikanten (Röben 2022).

Die Medienpräsenz hilft aber nicht nur dabei, Kunden zu gewinnen und zu binden. Sie ist auch ein großer Vorteil beim Rekrutieren und Halten von Mitarbeitern. Viele Menschen arbeiten lieber bei einem bekannten Arbeitgeber mit einem positiven Image als bei einer No-Name-Firma, für die sich anscheinend kaum jemand interessiert. Auch Investoren können durch Medienberichte auf Startups aufmerksam werden – und schätzen sie als Qualitätsbeweise im Pitchdeck.

Die folgenden Kapitel zeigen, wie Unternehmen und Startups mit Purpose erfolgreich auf sich und ihre Produkte aufmerksam machen – auch wenn sie doch sowieso die Guten sind, und die Budgets kleiner als die Ideale.

## Literatur

Lin-Hi, N. im Interview mit Wiggenbröker, C. 2023. „Das Schnitzel ist in Deutschland unantastbar", in: *WDR,* 31.5.2023, https://www1.wdr.de/nachrichten/ernaehrung-vegan-vegetarisch-fleisch-nick-lin-hi-100.html (letzter Aufruf: 2.1.2024).

Röben, G. 2022. „Was vegane Food-Marken zum Erfolg führt", in: *Meedia,* 3.2.2022, https://www.meedia.de/article/gastbeitrag-was-vegane-food-marken-zum-erfolg-fuehrt-8f7ced9acff464afa5220f874f0de038(letzter Aufruf: 2.1.2024).

# 2 Unsere Zielgruppen – oder: die Schizophrenie der Konsumenten

> **Zusammenfassung**
>
> Wer von seinen Zielgruppen wahrgenommen werden will, muss seine Kommunikation exakt nach ihnen ausrichten. Die Kundschaft und die Kaufgründe für vegane und vegetarische Produkte sind allerdings sehr heterogen, was eine gezielte Ansprache schwierig macht. Die größte Zielgruppe sind Flexitarier. Die wichtigsten Motive: Neugier, Umweltschutz, Gesundheit und Tierwohl. Vor allem aber muss es schmecken. Denn Menschen hängen an ihren Gewohnheiten und fallen schnell in alte Muster zurück – auch wenn sie in Umfragen gerne etwas anderes behaupten. Eng verknüpft mit den Zielgruppen sind die Kommunikationsziele. Sie lassen sich aus den Unternehmenszielen ableiten, die sich wiederum aus den Werten des Unternehmens ableiten. Ob Verhaltens-, Wahrnehmungs- oder Einstellungsziele: konkret definierte Kommunikationsziele sind wichtige Richtgrößen, um den Erfolg von PR-Maßnahmen zu messen – und wenn nötig nachzujustieren.

Wer in der modernen Mediengesellschaft mit ihrer Informationsflut wahrgenommen werden will, muss die Kommunikation exakt an seinen Zielgruppen ausrichten. Alles andere perlt an den Menschen ab wie Wasser an einer Ente. Das Problem: Die Zielgruppen für vegane und nachhaltige Produkte sind extrem heterogen – genauso wie die Motive, aus denen heraus Menschen sie kaufen. Die Bandbreite potenzieller Kunden reicht von Tierschützern über Allergiker, Gesundheitsbewusste und Abnehmwillige bis hin zu Umwelt- und Klimaschützern und Trendbewussten.

Konsequent vegan ernähren sich gerade mal drei Prozent der Menschen in Deutschland, vegetarisch immerhin schon neun Prozent. Das entspricht zwar fast einer Verdopplung im Vergleich zu 2020. Die große Masse aber kauft weiterhin ganz selbstverständlich tierische Lebensmittel – wenn auch zunehmend mit Vorbehalten: 41 Prozent der Deutschen bezeichnen sich schon als Flexitarier – also als Menschen, die ihren Konsum von Tierprodukten bewusst reduzieren wollen (Forsa 2023. S. 3). Unternehmen und Startups mit Purpose tun deshalb gut daran, nicht nur die zwar treue, aber immer noch sehr kleine Vegan-Community anzusprechen. Sie sollten auch die stetig wachsende Gruppe der Flexitarier ins Visier nehmen, die Klima- und Tierfreundlichem aufgeschlossen ist und mal was ausprobieren will.

Hier zeigt sich allerdings ein weiteres Dilemma: Gerade beim Thema Nachhaltigkeit ist der *Attitude-Behaviour-Gap* (auch *Consumer-Citizen-Gap* genannt) besonders ausgeprägt. Das heißt, Konsumenten orientieren sich am sozial Erwünschten und geben deshalb in Umfragen an, dass sie weniger Fleisch essen wollen. Aber sie handeln nicht unbedingt danach und greifen beim Einkaufen dann doch zum günstigeren und weniger nachhaltigen Tierprodukt. Diese Schizophrenie der Konsumenten zeigt sich zum Beispiel daran, dass fast drei Viertel der Deutschen gegen Massentierhaltung sind, aber der Marktanteil von Bio-Fleisch unter vier Prozent verharrt (Civey-Studie im Auftrag von ProVeg e. V., Mai 2021; BZL 2023).

Das heißt, vielen Verbrauchern ist die Relevanz des Themas durchaus bewusst, gleichzeitig sind aber Kosten und Sparen entscheidende Faktoren beim Einkaufen – oder schlichtweg die Macht der Gewohnheit. Umfragen zur Selbstbeschreibung sind also stets mit Vorsicht zu genießen – und Unternehmen dürfen sich nicht allein auf die Korrektheit ihrer Produkte verlassen und andere Kaufanreize vernachlässigen. Auch der Anspruch, den Verbraucher erziehen zu müssen, ist fehl am Platze – das ist ohnehin aussichtslos. Der wichtigste Kaufgrund ist immer noch das Genussversprechen. Aber wenn ein Produkt dann auch noch ökologisch ist und mit der richtigen Story daherkommt, ist es eigentlich unschlagbar.

## 2.1 Weiblich, jung und flexitarisch

Damit Unternehmen ihre Botschaften zielgruppengerecht „verpacken" können, sollten sie sich ein möglichst genaues Bild machen von dem Lebensgefühl, den Interessen, Werten und der Mediennutzung ihrer Zielgruppen. Klassische Kriterien dafür sind soziodemografische Daten wie Alter, Geschlecht, Bildungsgrad und Wohnort. So sind Vegetarier und Veganer überwiegend jung und weiblich.

## 2.1 Weiblich, jung und flexitarisch

Nach einer Forsa-Umfrage bezeichneten sich 15 Prozent der unter 30-Jährigen als Vegetarier, bei den ab 60-Jährigen waren es nur sechs Prozent (Forsa 2023, S.3[1]). Insbesondere Teenager scheinen den pflanzlichen „Vöner" heute cooler zu finden als das klassische Schnitzel: Bei den 15- bis 19-Jährigen isst bereits jeder Fünfte vegetarisch oder vegan (Heinrich-Böll-Stiftung 2021, S. 35). Ein beachtliches Drittel der Generation Z hält es sogar für wahrscheinlich, dass sie sich in Zukunft ausschließlich vegan ernähren.[2] Der Anteil der Frauen, die sich vegetarisch ernähren, ist mit zwölf Prozent doppelt so hoch wie bei den Männern (Forsa 2023, S. 3). Auch zählen sich 48 Prozent der Frauen zu den Flexitariern, aber nur 35 Prozent der Männer.

Bildung und Einkommen haben einen starken Einfluss auf die Ernährung: Laut einer Studie von Rügenwalder ernähren sich elf Prozent der höher Gebildeten fleischlos, aber nur vier Prozent der Menschen mit niedriger Bildung. Anders verhält es sich mit dem Einkommen: Mit ihm steigt zwar das Interesse am Thema Ernährung – aber wer mehr Geld hat, findet Fleisch häufiger unverzichtbar als Befragte mit einem niedrigeren Haushaltseinkommen (57 versus 50 Prozent) (Rügenwalder Mühle 2023, S. 7). Eine Kluft zwischen Stadt- und Landbevölkerung lässt sich nicht ausmachen, lediglich dass Flexitarier tendenziell eher in Metropolen leben (Heinrich-Böll-Stiftung 2021, S. 34). Auffällige Unterschiede gibt es jedoch bei den politischen Einstellungen: Während sich nur sechs Prozent der CDU-Wähler vegetarisch ernähren, sind es bei den Wählern der Grünen mehr als doppelt so viele (Forsa 2023, S. 3). Der 2021 veröffentlichte Fleischatlas der Heinrich-Böll-Stiftung kommt zu dem Schluss: „Ganz offensichtlich ist der Fleisch- oder Nicht-Fleischkonsum heute ein stark politisches Thema, keine private ‚Geschmacksfrage'. Anhängerinnen und Anhänger der vegetarischen und veganen Ernährung sind deutlich nachhaltigkeitsorientierter und sehen sich auch selbst als Pioniergruppe eines zukunftsfähigen Ernährungsstils." (Heinrich-Böll-Stiftung 2021, S. 34).

Auch psychosoziale Faktoren helfen dabei, die Zielgruppen möglichst genau zu erfassen. Die Marktforschung hat dafür eine ganze Reihe von Milieustudien und Typologien entwickelt. Interessant für die Nachhaltigkeitskommunikation sind beispielsweise die Lohas (ein Akronym für „Lifestyle of Health and

---

[1] Ähnliche Ergebnisse finden sich im Ernährungsreport 2023 des Bundesministeriums für Ernährung und Landwirtschaft (BMEL 2023, S. 30) und im Fleischatlas 2021 der Heinrich-Böll-Stiftung in Kooperation mit dem Bund für Umwelt und Naturschutz Deutschland und Le Monde Diplomatique (Heinrich-Böll-Stiftung 2021, S. 35).

[2] YouGov-Umfrage von Simply V, zitiert nach: Vegconomist: „Wie vegan sind Deutschlands Kühlschränke?", 18.1.2023, https://vegconomist.de/studien-und-zahlen/simply-v-fuehrt-deutschlandweite-befragung-durch/ (letzter Aufruf: 16.11.2023).

Sustainability"), die sich für Gesundheit und Nachhaltigkeit interessieren, die „Glamour Greens", die ihr ökologisches Bewusstsein wie ein Statussymbol nach außen zeigen, aber auch die Nonkonformisten, die Statussymbole generell ablehnen (Süptitz 2021).

In den letzten Jahren sind zudem Personas in Mode gekommen: fiktive Personen, denen bestimmte Eigenschaften und Interessen zugeschrieben werden, die als typisch für die jeweilige Zielgruppe gelten.

> **Beispiel**
>
> Annette ist 39 Jahre alt und lebt mit ihrem Partner in einer Wohnung in einer mittelgroßen Stadt. Sie ist Architektin und interessiert sich für Kunst und Kultur. In ihrer Freizeit joggt sie, besucht Ausstellungen und unternimmt Städtetrips. Sie ist ehrgeizig, umwelt- und gesundheitsbewusst und achtet auf ihre Ernährung. Bei Lebensmitteln legt sie Wert auf biologische und regionale Zutaten und probiert gerne etwas Neues. Fleisch kauft sie nur noch selten, ihren Kaffee trinkt sie mit Hafermilch. Sie informiert sich regelmäßig über Nachrichtenportale wie Spiegel und Zeit Online, schaut manchmal abends Serien auf Netflix und liest gelegentlich am Wochenende ein Frauenmagazin. (…).◄

Anhand solcher Beschreibungen wird ein möglichst konkretes Bild des idealtypischen Kunden oder der Kundin gezeichnet und ausformuliert. Mit dieser Persona vor Augen kann es einem leichter fallen, passende PR-Botschaften und Kommunikationsinhalte zu formulieren und die geeigneten Kommunikationskanäle zu identifizieren. Allerdings: den idealtypischen Vegan-Kunden als Zielgruppe gibt es nicht. Der äußerst erfolgreiche „Vegan"-Virus hat seinen Siegeszug durch alle gesellschaftlichen Schichten und Lebensbereiche angetreten. Ethischer Konsum hängt zwar weniger von soziodemografischen Faktoren ab als von psychosozialen Faktoren. Aber auch diese sind eben sehr vielfältig.

## 2.2 Kaufgründe – und was dagegen spricht

Damit die Argumente für vegane und nachhaltige Produkte überzeugen und die Wünsche der Verbraucherinnen und Verbraucher ansprechen, sollte man die Gründe kennen, weshalb Menschen vegane und nachhaltige Produkte kaufen – oder links liegen lassen. Generell ist der Konsum von pflanzlichen Produktalternativen in den letzten Jahren stark gestiegen. Darum sind auch immer mehr konventionelle Unternehmen in den Markt eingestiegen, die auf einen Purpose pfeifen – oder sich jetzt schnell noch einen zulegen. Die Wachstumsraten im Veggie-Markt sind nach der Coronakrise zwar wieder etwas zurückgegangen. Doch es ist davon auszugehen, dass er weiter zulegen wird – schon allein angesichts der drängenden Klimakrise scheint diese Entwicklung alternativlos. Trotzdem ist es immer noch ein Nischenmarkt: Der Anteil von Fleischalternativen etwa betrug 2021 in Deutschland nur 2,7 Prozent am Gesamtmarkt, der von Milchproduktalternativen gerade mal 3,8 Prozent (Vgl. Freund 2023, S. 27 f.). Die begehrte Hauptzielgruppe vieler Anbieter sind daher die Flexitarier: Allein aufgrund ihrer Masse verfügen sie über die größte Kaufkraft.

Doch warum kaufen Menschen pflanzliche Produkte anstelle von tierischen? Laut Forsa-Umfrage nannten 62 Prozent der Deutschen Umwelt und Klima, 52 Prozent Tierwohl und 51 Prozent Gesundheit als Gründe (Forsa 2023, S. 18). Schließlich halten 37 Prozent der Deutschen eine Reduktion ihres Fleischkonsums für die wirksamste persönliche Maßnahme, um Treibhausgase zu verringern – ein weltweiter Spitzenwert, der internationale Durchschnitt liegt bei 21 Prozent (Mintel 2023). Ein weiterer wichtiger Grund (der in der Forsa-Studie nicht abgefragt wurde) ist schlichtweg Neugier: In einer GfK-Umfrage im Auftrag von Rewe antworteten mehr als die Hälfte, weil sie es einfach mal ausprobieren wollten. Erst danach folgten Tierschutz, Gesundheit und Klimaschutz (Rewe Group 2023[3]). Die Motivationen unterscheiden sich allerdings nach Alter und Geschlecht: Während den Jüngeren der Umweltschutz wichtiger ist, überwiegen bei den Älteren die gesundheitlichen Aspekte. Und für Frauen spielt der Tierschutz eine größere Rolle als für Männer (65 versus 52 Prozent) (PHW-Gruppe 2021). Das Tierwohl kann das Klima als Argument aber auch stechen: So zeigten Verbraucher sich eher dazu bereit, eine Abgabe auf Fleisch zur Verbesserung des Tierschutzes zu akzeptieren als zur Minderung des $CO_2$-Ausstoßes (Vgl. Universität Hamburg 2023).

Als größte Hindernisse, zu pflanzlichen Alternativen zu greifen, nennen die Deutschen zu hohe Preise (39 Prozent), gefolgt von unzulänglichem Geschmack (30 Prozent) und gesundheitlichen Bedenken (26 Prozent) (Vgl. Smart Protein Project 2023, S. 40). Angesichts der wirtschaftlichen Unsicherheiten durch Inflation und den Krieg in der Ukraine kaufen die Deutschen laut GfK allerdings deutlich weniger nachhaltig ein – und sind häufiger überzeugt, dass es nichts bringt, wenn sie selbst umweltfreundlich handeln, aber andere nicht. „Daher ist es

---

[3] Ähnliche Ergebnisse stehen auch im BMEL-Ernährungsreport 2023, S. 11: Neugier (73 %), Tierschutz (63 %), Klima/Umwelt (63 %), Gesundheit (48 %).

wichtig, dass auch Unternehmen die Menschen für Veränderungen ihres Lebensstils begeistern, um das Gefühl der Selbstwirksamkeit zu stärken", schreiben die Marktforscher (Gesellschaft für Konsumforschung 2023). In einer anderen Studie nannten die Befragten außerdem zu wenig Auswahl, fehlendes Zubereitungswissen, den hohen Verarbeitungsgrad der Produkte und viele Zusatzstoffe (Vgl. Universität Hohenheim 2020).

Wir Menschen sind aber auch gewohnheitsgesteuert – ein weiteres großes Hindernis, neue Ernährungsweisen anzunehmen, selbst wenn der Wunsch danach vorhanden ist. Zwar haben wir beim Einkaufen nicht unbedingt nur den Geschmack und den Preis im Auge, sondern fragen uns auch, unter welchen Bedingungen ein Produkt entstanden ist oder ob seine Inhaltsstoffe und seine Verpackung nachhaltig sind. Doch viele Verbraucher sehen Händler und Produzenten auch als Gatekeeper, als regulative Instanz, sagt der Psychologe Stephan Grünewald. Sie schieben ihnen die Verantwortung zu nach dem Motto: „Solange mir Billigware angeboten wird, kann ich doch zugreifen." Sie wollen ihre Einkaufsroutine am liebsten bewahren – müssten aber für Nachhaltigkeit ihren Konsum verändern (Vgl. Grünewald 2020, S. 90).

Erschwerend kommt hinzu, dass unsere niederen Instinkte einen Vorsprung haben. Die moderne Magnetresonanztomografie zeigt, dass unser Gehirn in einer typischen Entscheidungssituation Basisattribute wie Geschmack im Durchschnitt etwa 195 Millisekunden früher verarbeitet als Gesundheitsattribute (Sullivan et al. 2014). Mit anderen Worten: Unser Gehirn ermutigt uns, bestimmte Entscheidungen zu treffen, bevor unsere Willenskraft ins Spiel kommt. Dies könnte erklären, warum in einer Studie 74 Prozent der Befragten zwar angaben, dass sie Obst gegenüber Schokolade bevorzugen würden – aber als man ihnen Obst und Schokolade vor die Nase setzte, 70 Prozent zur Schokolade griffen (Read und Van Leeuwen 1998). Deshalb ist es eher unwahrscheinlich, dass ein erhobener Zeigefinger langfristig unser Verhalten ändert. Es wird immer wieder Momente geben, wo der Impuls stärker ist als unsere Vernunft. Aber Studien zeigen: Wenn wir intrinsisch motiviert sind, etwa weil Gesundheit einen hohen Wert für uns hat, dann fällt es uns leichter, auf die Schokolade zu verzichten.

Denn neben Geschmack, Gesundheit und Preis spielen bei der Wahl der Lebensmittel auch persönliche Werte eine Rolle. Die Ernährungswissenschaftlerin Christine Brombach unterscheidet fünf Verbrauchertypen: Pragmatiker, Gesundheitsbedachte, Körper-Optimierer, Weltverbesserer und Genießer. Während die Genießer beispielsweise eher eine hedonistische Einstellung haben, sind die Optimierer eher ich-zentriert und die Weltverbesserer mehr am „Wir" orientiert (Brombach 2023, S. 35 f.). Anhand des Gegensatzpaars „ich" und „wir" untersuchten Forscher auch das Zusammenspiel von individuellen Motiven und dem

Interesse an Fleischersatzprodukten. Demnach haben Menschen, die Wert auf das Wohl anderer, die Umwelt und die Gruppenzugehörigkeit legen, ein erhöhtes Interesse daran – während ichbezogene Werte wie Selbstverwirklichung das Interesse nicht beeinflussen (Pennanen et al. 2024).

## 2.3 Kommunikationsziele festlegen

Erfolgreiche Unternehmenskommunikation orientiert sich in Inhalt und Stil an den Zielgruppen und Kommunikationszielen. Diese Ziele sind eng mit den Zielgruppen verknüpft. Denn je besser das Bild ist, das wir von unseren Zielgruppen entwickelt haben, desto genauer können wir unsere Ziele daran ausrichten. Was wollen wir mit unserer Kommunikation erreichen? Letztendlich wollen auch Hersteller und Händler von veganen und nachhaltigen Produkten natürlich verkaufen – sonst könnten sie ja kaum ihren Purpose erfüllen. Eine Umsatzsteigerung um fünf Prozent beispielsweise wäre allerdings ein Marketingziel, das nicht nur von der Kommunikationsarbeit abhängt, sondern auch von Produktqualität, Preisgestaltung, Verpackung, Service, Distribution und so weiter – alles Faktoren, auf die die Kommunikation keinen Einfluss hat. Welche Ziele können wir nun aber mit der Kommunikation verfolgen?

Pressearbeit soll möglichst viele positive Veröffentlichungen bringen, eine Website möglichst viele Visits und ein Instagram-Post möglichst viele Likes. Neben solchen Verhaltenszielen gibt es aber auch noch sogenannte Wahrnehmungs- und Einstellungsziele, die auf der kognitiven bzw. emotionalen Ebene ansetzen. Bei der PR für vegane und nachhaltige Produkte sind dies zum Beispiel:

- Aufmerksamkeit erregen
- Wissen vermitteln/Aufklärung betreiben
- Richtigstellung
- Bekanntheitsgrad steigern
- Image und Marke stärken
- Akzeptanz und Verständnis gewinnen

Die jeweiligen Kommunikationsziele lassen sich aus den Unternehmenszielen ableiten, die sich wiederum aus den Werten des Unternehmens ergeben. Bei Unternehmen mit Purpose sind das nicht allein wirtschaftlicher Erfolg und Selbsterhalt, sondern auch altruistische Ziele wie Naturschutz, Tierwohl oder soziale Gerechtigkeit. Wahrnehmungen und Einstellungen lassen sich allerdings oft nur mit großem Aufwand messen – etwa durch Umfragen. Doch eine konkrete Definition der Kommunikationsziele ist wichtig, um die PR erfolgreich (zielführend!) zu gestalten – und gegebenenfalls nachjustieren zu können. Hierfür muss ich allerdings klare Maße vorgeben wie zum Beispiel das Ziel, bei einer genau festgelegten Zielgruppe in einem bestimmten Zeitraum den Bekanntheitsgrad einer Marke um fünf Prozent zu erhöhen.

## Literatur

BMEL 2023. Bundesministerium für Ernährung und Landwirtschaft: Deutschland, wie es isst. Der BMEL-Ernährungsreport 2023. https://www.bmel.de/SharedDocs/Downloads/DE/Broschueren/ernaehrungsreport-2023.pdf?__blob=publicationFile&v=4 (letzter Aufruf: 4.1.2024).

Brombach, C. 2023. „Pflanzliches mehr wertschätzen. Wie wir anders essen können", in: BVLH (Hrsg.): Grüne Ernährung.

BZL 2023. Bundesinformationszentrum Landwirtschaft: Wie hat sich der Marktanteil von Biofleisch entwickelt? https://www.landwirtschaft.de/landwirtschaft-verstehen/haetten-sies-gewusst/infografiken/wie-hat-sich-der-marktanteil-von-biofleisch-entwickelt (letzter Aufruf: 16.6.2024).

Civey-Studie im Auftrag von ProVeg e. V., Mai 2021. https://proveg.com/de/wp-content/uploads/sites/5/2021/06/Civey_Ergebnisse_ProVeg_Umfrage_Ernaehrung_und_Landwirtschaft_Consumers.pdf (letzter Aufruf: 8.11.2023).

Freund, F. 2023. „Marktplatz der Möglichkeiten. Pflanzliche Ersatzprodukte im deutschen Lebensmittelmarkt", in: Bundesverband Lebensmittelhandel (BVLH) (Hrsg.): Grüne Ernährung. Vom Nachhaltigkeitswert pflanzlicher Lebensmittel für Umwelt, Wirtschaft und Gesellschaft, Berlin. https://www.bvlh.net/fileadmin/redaktion/downloads/pdf/2023/BVLH_Sammelband_Gruene_Ernaehrung_2023.pdf (letzter Aufruf: 4.1.2024).

Forsa 2023. Pflanzenbetonte Ernährung. Ergebnisse einer repräsentativen Bevölkerungsbefragung, im Auftrag der Wirtschaftsförderung des Lebensmittelhandels. Forsa Gesellschaft für Sozialforschung und statistische Analysen 2023, Berlin. https://www.bvlh.net/fileadmin/redaktion/downloads/pdf/2023/forsa-Umfrage_Pflanzenbetonte_Ernährung.pdf (letzter Aufruf: 3.1.2024).

Gesellschaft für Konsumforschung (GfK) 2023. „Sorge um Inflation bremst nachhaltigen Konsum" (Pressemeldung), 9.11.2023. https://www.gfk.com/de/presse/sorge-um-inflation-bremst-nachhaltigen-konsum (letzter Aufruf: 22.11.2023).

Grünewald, S. im Interview mit Crescenti, M. 2020. „Erregung vor dem Erreger", in: *Rundschau für den Lebensmittelhandel*, 04/2020.

Heinrich-Böll-Stiftung 2021, Bund für Umwelt und Naturschutz Deutschland und Le Monde Diplomatique: Fleischatlas 2021. Daten und Fakten über Tiere als Nahrungsmittel, Berlin 2021. https://www.boell.de/sites/default/files/2021-01/Fleischatlas2021_0.pdf (letzter Aufruf: 4.1.2023).

Mintel 2023. Global Outlook on Sustainability: A Consumer Study 2023, zitiert nach: *Vegconomist:* „43% of German Consumers Have Reduced Their Meat Consumption", 22.8.2023. https://vegconomist.com/studies-and-numbers/german-consumers-reduced-meat-consumption/ (letzter Aufruf: 16.6.2024).

Pennanen, K. et al. 2024. „Is it me or others who matter? The interplay between consumer values vis-à-vis status and affiliation motives as shapers of meat alternative interest", in: *Appetite,* 1.1.2024, Bd. 192, https://doi.org/10.1016/j.appet.2023.107114 (letzter Aufruf: 4.1.2024).

PHW-Gruppe 2021. „PHW stellt neue Veggie-Studie vor" (Pressemeldung), 22.1.2021. https://www.phw-gruppe.de/newsbereich/de/phw-stellt-neue-veggie-studie-vor (letzter Aufruf: 5.1.2024).

Read, D. und Van Leeuwen, B. 1998. „Predicting hunger: The effects of appetite and delay on choice", in: *Organizational Behavior and Human Decision Processes,* November 1998, Bd. 76, Heft 2, S. 189–205. https://doi.org/10.1006/obhd.1998.2803 (letzter Aufruf: 4.1.2024).

Rewe Group 2023. „Welt-Vegan-Tag: Pflanzliche Alternativprodukte sind im Alltag angekommen" (Pressemitteilung), 30.10.2023. https://www.rewe-group.com/de/presse-und-medien/newsroom/pressemitteilungen/welt-vegan-tag-pflanzliche-alternativprodukte-sind-im-alltag-angekommen/ (letzter Aufruf: 5.1.2024).

Rügenwalder Mühle 2023. Angerichtet. Ein Stimmungsbericht von Deutschlands Esstischen, Bad Zwischenahn 2023. https://www.ruegenwalder.de/website/downloads/Rügenwalder_Mühle_AnGERICHTet.pdf (letzter Aufruf: 14.11.2023).

Smart Protein Project 2023. Evolving appetites: An in-depth-look at European attitudes towards plant-based eating, November 2023. https://smartproteinproject.eu/wp-content/uploads/Smart-Protein-European-Consumer-Survey_2023.pdf (letzter Aufruf: 15.11.2023).

Sullivan, N. et al. 2014. „Dietary self-control is related to the speed with which attributes of healthfulnesss and tastiness are processed", in: *Psychological Science,* 16.12.2014, Bd. 26, Heft 2, S. 122–134. https://doi.org/10.1177/0956797614559543 (letzter Aufruf: 4.1.2024).

Süptitz, P. 2021. „Wie ‚Glamour Green' sind Ihre Kunden?, in: *Horizont,* 22.12.2021. https://www.horizont.net/planung-analyse/nachrichten/nachhaltigkeit-wie-glamour-green-sind-ihre-kunden-196248 (letzter Aufruf: 14.11.2023).

Universität Hamburg 2023. „Tierschutz überzeugt mehr als Klimaschutz" (Pressemeldung), 21.2.2023. https://www.uni-hamburg.de/newsroom/presse/2023/pm8.html (letzter Aufruf: 15.11.2023).

Universität Hohenheim 2020. „Schaufenster Bioökonomie: Fleischersatzprodukte: Flexitarier fühlen sich von Werbung nicht angesprochen" (Pressemeldung), 22.9.2020. https://www.uni-hohenheim.de/pressemitteilung?tx_ttnews%5Btt_news%5D=49419&cHash=6c5d9dd0a816ca5e560155f0ff84f1f8 (letzter Aufruf: 15.11.2023).

# Positionierung und USP 3

> **Zusammenfassung**
>
> Nur wenn ein Unternehmen oder ein Produkt eine erkennbare Identität hat, wird es für die Zielgruppe identifizierbar – und gewinnt Vertrauen. Seine Positionierung leitet sich aus den vorhandenen Stärken der Marke oder des Produkts im Vergleich zur Konkurrenz ab. Im Idealfall ergibt sich sogar eine Unique Selling Proposition (USP). Wichtig ist, dass die jeweiligen Stärken die anvisierten Kommunikationsziele unterstützen und für die Zielgruppe nützlich sind.
>
> Viele Unternehmen und Startups mit Purpose können mit einem Mehrwert in Sachen Innovation, Qualität, Geschmack und Nachhaltigkeit punkten – und, indem sie Haltung zeigen. Das zahlt sich aus am Markt, aber auch bei der Mitarbeiterzufriedenheit und beim Recruiting. Ab einem gewissen Zeitpunkt müssen Purpose-Marken aber auch die breite Masse für sich gewinnen. Denn nur relativ wenige Menschen kaufen aus Überzeugung. Deshalb ist es wichtig, dass Kommunikation, Design und Marketing die Marke und ihre Produkte mit einer attraktiven Story versehen.

Die Zielsetzung definiert, wohin man strategisch will. Die Zielgruppen-Definition legt fest, bei wem diese Ziele erreicht werden sollen. Im nächsten Schritt bestimmt die Positionierung, welche Rolle die Marke oder das Produkt auf dem Markt spielen soll. Jeder Akteur und jedes Produkt haben allein durch ihre Präsenz am Markt ein gewisses Image. Wer dieses nicht aktiv formt und systematisch kommuniziert, wird geformt – oder übersehen. Aktive Kommunikation erzeugt bewusst ein klares, attraktives Bild (= Image), das auf den Werten basiert, die

© Der/die Autor(en), exklusiv lizenziert an Springer Fachmedien Wiesbaden GmbH, ein Teil von Springer Nature 2024, korrigierte Publikation 2024
K. Kasper, *PR für vegane und nachhaltige Produkte*,
https://doi.org/10.1007/978-3-658-44630-7_3

einer Marke oder einem Produkt zugewiesen werden. Die Positionierung ist damit die Grundlage für jede Marken- und Produktkommunikation. Sie beantwortet die Frage: Wer wollen wir in den Köpfen der Zielgruppen sein? Die Antwort auf diese Frage ist identitätsstiftend, denn: Nur wenn ein Unternehmen oder ein Produkt eine erkennbare Identität hat, wird es für die Zielgruppe identifizierbar – und gewinnt Vertrauen. Viele Anbieter wollen aber nicht anecken und möglichst viele Menschen erreichen. Doch die erste Regel der Kunst und beim Marketing lautet: Unterscheide dich!

Natürlich wollen wir uns *positiv* vom Wettbewerb abheben. Die Positionierung leitet sich deshalb aus den vorhandenen Stärken der Marke oder des Produkts im Vergleich zur Konkurrenz ab. Die Stärken lassen sich mithilfe einer Wettbewerbsanalyse herausarbeiten, gepaart mit einer Stärken-Schwächen-Analyse, einer SWOT-Analyse oder einer Ist-/Soll-Analyse. Im Idealfall ergibt sich sogar eine *Unique Selling Proposition* (USP) – ein Alleinstellungsmerkmal, das die Marke oder das Produkt unverwechselbar vom Wettbewerb unterscheidet. Auf gesättigten Märkten ist dies zwar eher die Ausnahme, im Bereich veganer und nachhaltiger Produkte aber durchaus noch möglich – beispielsweise der erste rein pflanzliche Schokokuss (den gibt es nämlich noch nicht). Eine USP lässt sich aber auch mit der Kombination verschiedener Stärken konstruieren. Mehr als drei sollten es allerdings nicht sein, sonst wirkt die Positionierung zu beliebig.

Wichtig ist, dass die jeweiligen Stärken erstens die anvisierten Kommunikationsziele unterstützen und zweitens für die Zielgruppe nützlich sind. Bei Me-too-Produkten kann dies auch ein emotionaler Nutzen sein, den Mitbewerber nicht haben. Wie zum Beispiel bei Viva con Agua: Das gemeinnützige Hamburger Unternehmen verkauft wie zig andere auch Mineralwasser in Flaschen – in einem Land, in dem Trinkwasser jederzeit aus der Leitung fließt. Aber on top gibt's Weltverbesserung: Die Erlöse verschaffen Menschen in armen Ländern Zugang zu sauberem Trinkwasser. Die Strategie geht auf, weil Viva con Agua erfolgreich seinen übergeordneten Purpose kommuniziert. Das Produkt ist hier nur noch Nebensache.

## 3.1 Eine Frage der Haltung

Die Frage nach dem Purpose haben Konzerne lange veganen Newcomern überlassen. Doch auch „die Großen" erkennen zunehmend, dass ihr Daseinszweck den Erhalt des Planeten beinhalten muss. Nicht nur, weil ihre Kundschaft heute immer mehr Fragen stellt. Sondern auch, weil Unternehmen sonst langfristig ihre eigene Geschäftsgrundlage gefährden. Einige Anbieter werden aber auch akzeptieren müssen, dass sie sinnlos (geworden) sind. Anstatt sich nun an Vergangenem so lange wie möglich festzuklammern, müssen sie schnell aktiv werden – und sich eine neue Daseinsberechtigung verschaffen. Ein Paradebeispiel ist Rügenwalder: Der deutsche Mittelständler führte 2014 ein veganes und vegetarisches Sortiment ein und macht damit seit 2021 mehr Umsatz als mit Fleisch und Wurstwaren. Anstatt sich neu zu erfinden, hat Rügenwalder die Strahlkraft seiner etablierten Marke für die pflanzliche Sparte genutzt. Das macht Sinn, denn: Hauptzielgruppe sind Flexitarier, die es dem Wurstfabrikanten mit seinen fast 190 Jahren Erfahrung zutrauen, auch leckere Veggie-Würste zu machen (Zeller 2023).

Erst 2021 in den Bereich pflanzliche Alternativen eingestiegen ist DMK. Deutschlands größte Molkereigenossenschaft setzt ebenfalls auf ihre bekannten Marken, darunter Milram. Denn auch DMK hat die große und probierfreudige Gruppe der Flexitarier im Blick, die sich heute für ein Milchprodukt und morgen für das pflanzliche Pendant entscheidet. „Außerdem kostet der Aufbau einer Marke viel Geld. Warum das ausgeben, wenn die Konsumenten markentransfergeneigt doch gerne zu den Alternativen aus der bewährten Milram-Familie greifen?", fragte Sales Director Timo Albrecht kürzlich rhetorisch in einem Interview (Albrecht 2023).

Unternehmen und Startups mit Purpose können von einer Markenbekanntheit wie Rügenwalder oder Milram meist nur träumen – genauso wie von deren Marketingbudgets. Auch mit den günstigen Preisen der Handelsmarken können sie kaum mithalten. Umso wichtiger ist es, dass sie mit anderen Stärken punkten – etwa mit einem Mehrwert in Sachen Innovation, Qualität, Geschmack und Nachhaltigkeit.

Eine weitere Möglichkeit, um sich in den Augen der Verbraucher vom Wettbewerb abzuheben: Haltung zeigen. In einer sich stetig verändernden Welt, von der Klimakrise über technologische Disruption bis zu Pandemien und Kriegen, ist Unsicherheit die größte Konstante. Verbraucher werden diejenigen Unternehmen belohnen, die soziale Probleme angehen und bewussten Konsum vorantreiben, prognostizieren die Analysten des Marktforschungsunternehmens Mintel (2020)[1].

Etablierte Nahrungsmittelkonzerne stecken zwar inzwischen sehr viel Geld in die Forschung und Entwicklung neuer pflanzlicher Produkte. Aber Firmen wie Oatly oder Veganz verkörpern eine klare Haltung, die auch kritische Konsumentengruppen anspricht, die Konzerne und deren Marken hinterfragen. Und häufig

---

[1] Der Trendbericht ist online abrufbar unter: https://matlust.eu/wpcontent/uploads/2020/06/Mintel_2030_Global_Food_and_Drink_Trends_final.pdf (letzter Aufruf: 19.6.2024).

sind es diese kritischen Geister, die den Zeitgeist bestimmen. So wie die linksalternative Szene in den 70er und 80er Jahren ökologische und soziale Trends setzte, die heute Mainstream sind und für Milliardenumsätze sorgen. Man denke nur an die Marke Frosch für umweltfreundliche Reinigungsmittel, die der Schuhcremehersteller Werner & Mertz 1986 schuf. Darin liegt die Chance für neue, smarte Konzepte, bei denen eine klare Haltung die Richtung für alle Innovationen vorgibt – wie zum Beispiel regionale Angebote, besondere Inhaltsstoffe oder ein größeres Ernährungs-Know-how.

Oatly positioniert sich erfolgreich als gesellschaftlicher Akteur, der Verantwortung übernimmt, und verwebt die Themen Gesundheit, Ernährung und Umweltbewusstsein zu einem Image als „Öko-Aktivist". Seine Haferdrinks positioniert der schwedische Hersteller als trendige, gesunde und nachhaltige Alternative zu Milchprodukten. Und das äußerst glaubwürdig: Entstanden ist die Marke aus der Forschungsarbeit eines jungen Studenten, der Anfang der 90er Jahre eine laktosefreie Alternative zu Kuhmilch suchte. Seit Jahren deklariert Oatly den $CO_2$-Fußabdruck seiner Produkte auf der Verpackung – und fordert provozierend Unternehmen der Milchbranche auf, es ihm gleich zu tun. Oatly engagiert sich auch für ein „Klima-Label" auf Lebensmitteln – zusammen mit der Berliner Food-Marke Veganz, die bereits die Ökobilanz ihrer Produkte anhand eines Nachhaltigkeits-Scores auf der Verpackung offenlegt.

Das Markenprofil von Veganz machen auch innovative Produkte wie „Honig" aus Tapioka sichtbar, oder „Räucherlachs" mit Algenextrakt und der ersten Hafermilch in Blattform aus dem 2D-Drucker. Für mehr Markenbekanntheit sorgen schlaue Vertriebskooperationen: Die „innovativste Food-Marke Deutschlands 2021" (Handelsblatt) forscht mit der TU Berlin an Fleischalternativen, beliefert über den Caterer Aramak Betriebskantinen und serviert bei den Fußballvereinen Bayer 04 Leverkusen und RB Leipzig eine vegane Stadionwurst (Bialek 2021).

## 3.2 Raus aus der Nische

Unternehmen und Startups mit Purpose sind besonders am Anfang im Vorteil, denn er schafft eine klare Positionierung. Das zahlt sich aus am Markt, aber auch bei der Mitarbeiterzufriedenheit und beim Recruiting. Viele Studien zeigen: Verbraucher erwarten heute von Unternehmen eine klare Haltung zu sozialen und ökologischen Themen. „Im Schnitt bestimmen die Purposebezogenen Attribute mittlerweile rund die Hälfte der positiven Reputation eines Unternehmens", schreiben die Studienautoren der Managementberatung Globeone (zitiert nach

Raskopf 2021). Food-Marken sollten also offensiv in die ethische und wertorientierte gesellschaftliche Debatte eingreifen – und dieses Thema nicht der Lobby des konventionellen Lebensmittelhandels überlassen. Aber Achtung: Haltung muss man auch aushalten können. So führte die Werbekampagne der einstigen Hamburger Indie-Brand Fritz Kola mit einem schlafenden Erdogan 2017 zu einem Shitstorm und Umsatzeinbrüchen. Geschadet hat es dem Unternehmen nicht: Fritz Kola hat seinen Umsatz in den Folgejahren kontinuierlich gesteigert.

Allerdings kaufen nur relativ wenige Menschen aus Überzeugung. Alle anderen greifen eher aus Gewohnheit oder Bequemlichkeit zu einem Produkt, wegen seiner Bekanntheit oder der Empfehlung ihrer Peers. Davon profitieren etablierte Marken, die das innovative Produkt kopieren: Dank ihrer Bekanntheit und Marktpräsenz gewinnen sie dann sehr schnell Marktanteile – auch ohne Purpose. Beyond Meat zum Beispiel war First Mover bei Fleischalternativen. Doch als andere Konzerne – viele von ihnen nicht gerade bekannt für Tier- und Umweltschutz – nachzogen, brach der Aktienkurs um 95 Prozent ein.

Purpose-Marken müssen deshalb ab einem gewissen Zeitpunkt auch die breite Masse für sich gewinnen – selbst, wenn diese mit ihrem Purpose nichts am Hut hat. Der eigenen Überzeugung tut dies keinen Abbruch, im Gegenteil: Man tut dann ja sogar noch mehr Gutes. Dafür muss man aber die Bedürfnisse und Kaufbarrieren dieser Kunden kennen. Weil viele Menschen Nachhaltigkeit, Gesundheit oder Tierschutz mit Verzicht und Statusverlust assoziieren, ist es wichtig, die Produkte als Bereicherung zu positionieren, nicht als Ersatz. Oatly hat dies eindrucksvoll vorgemacht: Wer heute in einer deutschen Großstadt seinen Café Latte mit Hafermilch bestellt, tut dies meist einfach nur, weil es ihm schmeckt. Die Nachhaltigkeit ist allenfalls ein angenehmer Nebeneffekt.

Auch herkömmliche Unternehmen können einen Purpose aufbauen und kommunizieren. Dann allerdings nicht für die gesamte Marke, sondern nur für die veganen und nachhaltigen Produkte. Den Vorwurf des „Greenwashings" können sie mit dem Argument kontern, dass sie den Verbrauchern eine Wahl geben. Und wenn sich dadurch mehr Menschen für lebensfreundlichere Produkte entscheiden, ist auch im Sinne des Purpose etwas gewonnen.

Noch stärker mit „gebenden" Werten wie Nachhaltigkeit aufladen lassen sich Produkte, wenn der Kauf mit einer Spende verbunden ist. Nach dem Motto „Kauf meine Produkte und tue jemand anderem in der Welt etwas Gutes" verkauft die Marke Share beispielsweise sehr erfolgreich Nussriegel, Schokolade, Mineralwasser und Zahnbürsten. Für jedes Produkt spendet das Unternehmen eine bestimmte Hilfeleistung, die online ausgewiesen wird. Per QR-Code auf der Verpackung können sich Verbraucher über das jeweilige Projekt informieren.

Nachhaltig orientierte und kommunizierende Unternehmen profitieren vor allem in drei Bereichen:

- **Glaubwürdigkeit und Vertrauen:** Eine Marke, die für verantwortungsbewusstes und zukunftsorientiertes Handeln steht, ist glaub- und vertrauenswürdig.
- **Identifikation:** Kunden identifizieren sich zunehmend mit Marken, die soziale und ökologische Verantwortung übernehmen.
- **Loyalität:** Kunden bleiben einer Marke eher treu, wenn sie deren nachhaltige Bestrebungen wahrnehmen und schätzen.

**Fazit**

Fest steht: Ein veganes und nachhaltiges Produkt bietet zwar per se die Möglichkeit, etwas Gutes zu tun. Aber wenn es teurer ist als sein tierisches Pendant und keinen Mehrwert bietet in Sachen Geschmack, Gesundheit oder Status, ist es für die Masse nicht attraktiv. Damit „normale" Menschen ihren gewohnten Konsum ändern, braucht es starke Marken. Die haben wir im Plantbased-Bereich zumindest noch nicht in dem Maße, wie wir es beispielsweise von der Fleisch- oder Milchindustrie her kennen. Stattdessen steigen immer mehr große Hersteller mit enormen Marketingbudgets ein und treiben alle Anbieter an. Um in diesem Umfeld zu bestehen, muss eine Purpose-Marke relevant sein und sich differenzieren. Weil viele Produkte austauschbar sind oder in kürzester Zeit kopiert werden können, hat die Bedeutung von Kommunikation, Design und Marketing stark zugenommen. Es kommt heute darauf an, eine Marke und ihre Produkte mit einer attraktiven Story zu versehen.

## Literatur

Albrecht, T. im Interview mit Kausch, M. 2023. „Die Flexitarier fest im Blick", in: *Rundschau für den Lebensmittelhandel* 11/2023, S. 6. https://www.rundschau.de/fileadmin/user_upload/ePaper/RU-2023-11/index.html#page=7 (letzter Aufruf: 21.11.2023).

Bialek, C. 2021. „Innovationsranking: Food-Marken sind die Lieblinge der Kunden", in: *Handelsblatt*, 5.5.2021. https://www.handelsblatt.com/unternehmen/verbraucherumfrage-innovationsranking-food-marken-sind-die-lieblinge-der-kunden/27157780.html (letzter Aufruf: 21.11.2023).

Mintel 2020. Food & Drink Trends 2030, 4.2.2020. https://www.mintel.com/de/press-centre/mintel-veroffentlicht-globale-lebensmittel-getranke-trends-fur-2030/ (letzter Aufruf: 19.6.2024).

Raskopf, C. 2021. „Sinnfrage: Welche Dax-Konzerne mit ihren Purpose-Statements überzeugen", in: *Capital*, 3.8.2021. https://www.capital.de/wirtschaft-politik/sinnfrage-welche-dax-konzerne-mit-ihren-purpose-statements-ueberzeugen (letzter Aufruf: 21.11.2023).

Zeller, S. im Interview 2023. „Der Veggie-Pionier", in: *Rundschau für den Lebensmittelhandel*, 11/2023, S. 56. https://www.rundschau.de/fileadmin/user_upload/ePaper/RU-2023-11/index.html#page=56 (letzter Aufruf: 21.11.2023).

# Unterhalten statt belehren

**4**

**Zusammenfassung**

Beim Entwickeln von Kommunikationsstrategien und -inhalten gilt es, sich die Brille der Zielgruppe aufzusetzen. Auch Unternehmen mit Purpose müssen heute Unterhaltung und Nutzwert bieten – und wählen am besten eine Ansprache, die ohne Beurteilung oder Wertung etwa des Fleischkonsums auskommt. So können sie ein inklusives Image vermitteln und psychologische Abwehrmechanismen vermeiden. Durch die strengen gesetzlichen Restriktionen für die Bezeichnung veganer Produkte braucht es dabei sehr viel Kreativität in der Kommunikation. Wichtig ist eine positive, motivierende Sprache, die den Fokus auf Genuss und Spaß legt. Witz und Humor sind geeignete Stilmittel, denn sie wirken souverän – und sind ein Ausdruck von Haltung. Wichtig sind zudem gute Bilder als Metaphern für die Botschaften und ein attraktives Verpackungsdesign. Sie können dazu beitragen, das Produkt zu erklären und der Konnotation von Verzicht entgegenzuwirken

Mit den Zielgruppen stehen die Empfänger unserer Kommunikation. Mit der Positionierung haben wir das erwünschte Image des Produkts oder der Marke festgelegt. Aber Kommunikation braucht natürlich auch Inhalte. Was muss wie erzählt werden, um die Zielgruppe zu erreichen? Oder genauer: Welche Themen und Botschaften sollen vom Sender zum Empfänger gelangen? Und in welcher Tonalität kommunizieren wir mit unseren Zielgruppen? Schließlich kommt es bei der Kommunikation nicht nur auf die Inhalte an, sondern auch auf Sprachstil und Form.

Gefragt ist dabei sehr viel Feingefühl für die Mindsets der Zielgruppe. In unserer „redaktionellen Gesellschaft" ist Aufmerksamkeit das höchste Gut.[1] Um in der Kommunikationsflut nicht zu ertrinken, schotten sich die Menschen ab. Sie lassen nur noch Impulse durch, die exakt den Nerv treffen – und die richtige Sprache sprechen. Beim Entwickeln von Kommunikationsstrategien und -inhalten gilt es, sich die Brille der Zielgruppe aufzusetzen: Sind die Botschaften aus ihrer Sicht überzeugend genug? Treffen sie den richtigen Ton? Und passt die jeweilige Botschaft zur Positionierung der Marke oder des Produkts? Ähnlich wie beim Rollentext des Protagonisten wirken Widersprüche unglaubwürdig und können dem Image schaden.

Zudem sollte man sich kommunikativ von der Konkurrenz abheben und bei der Ansprache der Zielgruppen ein eigenes Profil pflegen. Oatly löst diese Aufgabe mit Bravour, ob auf Verpackungen, in den sozialen Medien oder auf der Website. Der ironische, unterhaltsame Stil, fast schon im Plauderton, macht die Marke unverwechselbar – vom Sprachwitz über die Themenwahl bis zur Bildsprache. Das heißt natürlich nicht, dass man auf Teufel komm raus Themen meiden muss, die andere schon besetzt haben. Manchmal kann es durchaus sinnvoll sein zu zeigen: Das können wir auch!

Anders als in der Politik, wo man Schwächen und Probleme gerne aussitzt, sollte man in der Unternehmenskommunikation außerdem offensiv gegen Schwächen ansteuern – und schlagkräftige Argumente dagegensetzen. Wenn also zum Beispiel der hohe Preis eines Produkts als Schwäche gilt, könnte die vorbeugende Botschaft lauten, dass die herausragende Qualität den Preis rechtfertigt. Natürlich muss man nicht als „gläsernes Unternehmen" auftreten. Aber mit Informationen, die interessierte Gruppen nachfragen, sollte ich in Zeiten von Datenbanken, Bewertungsportalen und Onlineforen nicht hinterm Berg halten. Und ich sollte auch nicht damit warten, bis die Informationen eingefordert werden, sondern aktiv und konsistent kommunizieren. Ehrlichkeit ist dabei ein Muss: Ein Vertrauensverlust kann kleinen Unternehmen oder Startups schnell den Kopf kosten.

---

[1] Den Begriff prägte der Medienwissenschaftler Bernhard Pörksen, siehe etwa Pörksen 2023.

## 4.1 Sprache finden

Wie kommuniziert man ehrlich, aber nicht belehrend? Die Zeiten, in denen man wie Lehrer Lämpel mit erhobenem Zeigefinger seine weisen Lehren verkündete, sind vorbei. (Sie kamen schon bei Max und Moritz nicht gut an.) In unserer individualisierten Gesellschaft wollen wir die Freiheit der Wahl haben – und uns nicht vorschreiben lassen, was wir zu tun und zu lassen haben. Angesichts von Klimakrise, Artensterben, Tierleid, Welthunger und einer Explosion ernährungsbedingter Krankheiten (die Liste ließe sich noch ergänzen) ist das manchmal schwer zu akzeptieren. Erst recht für Unternehmen mit Purpose, die per definitionem die Welt verbessern wollen. Doch auch sie müssen heute Unterhaltung und Nutzwert bieten, wenn sie ihre Zielgruppen (und damit überhaupt etwas) erreichen wollen.

Gelungene Kommunikation rückt deshalb die Vorteile von gesundem Essen in den Vordergrund. Sie zeigt, wie bequem und einfach es ist, pflanzliche Lebensmittel in die Ernährung einzubauen. Sie verbessert das Image und weckt Offenheit für neue Geschmäcker. Schließlich ist Geschmack „nur" erlernt: Studien zeigen, dass uns etwas schmeckt, weil wir es essen – und nicht umgekehrt. „Geschmack und Gewohnheit hängen ganz eng miteinander zusammen", sagt die Ernährungswissenschaftlerin Christine Brombach." (Brombach 2023). Deshalb ist auch der Geschmack einer der wichtigsten Hinderungsgründe für eine pflanzenbetontere Ernährung. Und einer der Gründe, weshalb viele Hersteller versuchen, ihre Ersatzprodukte den tierischen Vorbildern so weit wie möglich anzunähern.

Eine Herausforderung für viele vegane und nachhaltige Marken ist es, ein inklusives Image zu vermitteln. Denn sie müssen mit ihren Produkten ein breiteres Publikum ansprechen, zu dem auch Flexitarier gehören – die kein schlechtes Gewissen haben wollen. Daher ist es wichtig, eine Ansprache zu wählen, die ohne Beurteilung oder Wertung des Fleischkonsums auskommt. Eine Botschaft wie „Gut für mich, gut für den Planeten" beispielsweise argumentiert ethisch, ohne Nicht-Veganer abzuschrecken. Sie macht deutlich, dass Menschen bei ihrer Kaufentscheidung nicht mehr entweder oder wählen müssen, sondern dass die neuen Produkte sowohl für sie als auch die Umwelt gut sind.

Die Tonalität spielt dabei eine große Rolle. Relevantes Ernährungswissen sollte auf Augenhöhe kommuniziert werden, und nicht im steifen, theoretischwissenschaftlichen Duktus. Keinesfalls dürfen Assoziationen wie Zwang oder Verbote geweckt werden. Denn Handlungs- oder Verzichtaufforderungen lösen schnell Widerstände aus, Verbraucher reagieren darauf allergisch. Klar, man möchte durch den Einkauf etwas Gutes tun. Aber bitte innerhalb der eigenen Komfortzone. Hier müssen vegane Marken, die schon länger am Markt sind, umdenken. Früher hatten sie es mit einem stärker ideell geprägten Konsumentenkreis zu tun, aber im Mainstream kommen moralische Appelle nicht an. Die wecken eher Trotz und bewirken das Gegenteil.

Zwar ist auch vielen Fleischessern bewusst, dass der Fleischkonsum problematisch für Tierwohl und Umwelt ist. Aber solange sie nicht drauf hingewiesen werden, verdrängen sie das erfolgreich, sagt der Ernährungspsychologe Christoph Klotter. Wird der Fleischesser aber damit konfrontiert, muss er sich rechtfertigen. „Das verursacht Stress – und Wut." (Klotter 2023). Denn aus dem sogenannten Fleisch-Paradox entsteht kognitive Dissonanz: eine innere Spannung, die schwer auszuhalten ist. Diese führt auch dazu, dass dissonante Informationen abgewertet und konsonante Informationen aufgewertet werden. Man glaubt nur, was man glauben möchte, schreibt der Kognitionspsychologe Christian Stöcker. „Dass etwa die Menschheit gerade dabei ist, mit ihrer Lebensweise die menschlichen Lebensgrundlagen zu vernichten, erzeugt unangenehme Emotionen: Schuldgefühle, Ängste, Trauer über die verspielte Zukunft, das zwangsläufige Leiden und Sterben. Kognitive Missklänge also." Dagegen wirke eine Pseudoinformation, die nahelegt, alles wäre gar nicht so schlimm, entlastend (Stöcker 2023).

Ein ähnlicher Abwehrmechanismus ist der *Confirmation Bias* (auf Deutsch: Bestätigungsfehler). Menschen lösen sich sehr ungern von Überzeugungen, deshalb bevorzugen sie Informationen, die sie bestätigen. Und wir verweigern uns Informationen, die ihnen widersprechen. Äußert sich jemand nicht nach den gewünschten Vorstellungen, wird ihm beispielsweise unterstellt, „ideologisch" motiviert zu sein. Diese kognitive Verzerrung macht uns als Individuen den Alltag kurzfristig leichter, weil sie unser Gehirn vor Belastendem schützt – aber sie verhindert auch eine differenzierte Debatte.

Damit Informationen schwerer verdrängt und gemäß eigenem Weltbild interpretiert werden können, braucht es Aufklärung über die psychologischen Mechanismen des Selbstbetrugs – und eine klare Kommunikation der gesundheitlichen und klimatechnischen Vorteile veganer und nachhaltiger Produkte, empfiehlt die Psychologin Tamara Pfeiler (Vgl. Pfeiler 2020). Die Kommunikation sollte dabei dem gesellschaftlichen Rechtfertigungsdruck entgegenwirken und die Produkte mit Wohlbefinden, Genuss und Zugehörigkeit assoziieren. Denn Essen stiftet Gemeinschaft, und Bindung ist ein menschliches Grundbedürfnis. So lassen sich auch Verbraucher erreichen, die weniger offen sind für vegane und nachhaltige Produkte. Bei eher konservativen Verbrauchern könnten Fleischalternativen beispielsweise als etwas beworben werden, das das Potenzial hat, die Gesellschaft zu erhalten. Und um statusbewusste Verbraucher anzusprechen, die sich durch ihren Konsum selbst aufwerten wollen, könnten die Produkte als luxuriös vermarktet werden (Vgl. Pennanen et al. 2024).

## 4.1 Sprache finden

Kinder waren bisher keine Zielgruppe für vegane und nachhaltige Produkte. Das Thema vegane Kinderernährung war hierzulande lange tabuisiert, nicht zuletzt, da die DGE bis Mitte 2024 kategorisch davon abriet – und auch heute noch nicht empfiehlt. Der Verein gibt Ernährungsempfehlungen unter anderem für Schulen und Kindergärten ab und gilt bei vielen als unabhängige wissenschaftliche Instanz.[2] Doch heute geben Kinderärztinnen Ernährungstipps in den sozialen Medien, Krankenkassen veröffentlichen vegane Kinder-Kochbücher, die ersten Gen Z-ler wollen ihre Kids pflanzlich versorgen. Und die jungen Menschen stellen heute viele Fragen. Daten der GfK zeigen: Wenn es um nachhaltigen Konsum geht, werden Haushaltsverantwortliche am meisten von ihren Kindern beeinflusst – mehr als von Freunden, Ehepartnern und Eltern (Vgl. GfK 2020). Wie man die „Generation Greta" erfolgreich anspricht, zeigte Iglo mit der Kampagne „Curious Kids": In Animationsfilmen im Comicstil fordern Kinder ihre Eltern mit hartnäckiger Fragerei heraus, die neuen veganen Dino-Nuggets und Fischstäbchen der Produktlinie Green Cuisine zu probieren. Iglo greift dabei das Thema Ernährung und Klimawandel mit einem Augenzwinkern auf – und setzt gekonnt auf die Neugier der Verbraucherinnen und Verbraucher (Vgl. Rößer 2022).

Der Süßwarenhersteller Katjes, der sein Sortiment in Deutschland weitgehend auf vegan umgestellt hat, spricht ebenfalls eine sehr junge Zielgruppe an. Offiziell wendet sich das Unternehmen zwar vor allem an junge Frauen zwischen 16 und 39 Jahren, viele Kundinnen sind aber deutlich jünger – und besonders offen eingestellt. Fruchtgummi ohne Gelatine bietet kaum gesundheitliche Vorzüge, auch die ökologischen Vorteile halten sich in Grenzen. Bleibt der Tierschutz – den Katjes konsequent und mutig thematisiert. Zum Beispiel mit einem riesigen pinkfarbenen Banner auf der Kölner Domplatte: „Liebe Deinen Nächsten". Der provokante Slogan stellt die chinesische Mauer, die wir zwischen Mensch und Tier errichtet haben, in Frage – dank positiver Botschaft und poppigem Pink aber auf eine fröhliche und unverfängliche Art. Weniger unschuldig kam der kunstvoll-düstere Werbespot daher, mit dem Katjes 2019 zum Launch seiner veganen Schokolade die Milchindustrie anprangerte. Der Bauernverband ging auf die Barrikaden, aber der Marke geschadet hat die Provokation nicht: Umfragen zeigten, dass die

---

[2] Tatsächlich wird die DGE zu rund drei Vierteln von den Ministerien für Ernährung und Landwirtschaft von Bund und Ländern finanziert, in ihren wissenschaftlichen Beiräten sitzen Verbände der Milch- und Fleischindustrie sowie Agrarmarketing-Gesellschaften. Das hat Folgen: Die Thüringer Sektion veranstaltet zum Beispiel „Milchpartys" in Kitas und Schulen – finanziert von der Landesvereinigung Thüringer Milch. Vgl. Deutsche Gesellschaft für Ernährung, Sektion Thüringen, https://dge-th.de/de/projekte-materialien/dge-projekte/ (letzter Aufruf: 28.11.2023).

Deutschen Katjes anschließend sogar positiver wahrnahmen als zuvor. Auch das Aufmerksamkeitsniveau der Marke war deutlich gestiegen (Vgl. Schneider 2019).

Während bei Jüngeren Nachhaltigkeit und Tierwohl ziehen, werden für ältere Zielgruppen gesundheitliche Aspekte wichtiger. Allerdings sind werbliche Gesundheitsaussagen stark reglementiert von der europäischen *Health Claims*-Verordnung. Das ist natürlich ein Handicap, wenn man pflanzliche Produkte als gesündere Alternative zu Tierprodukten vermarkten will. Aus Kommunikationssicht alles andere als optimal, aber oft unumgänglich ist es, sich mit unbestimmten Begriffen und Formulierungen zu behelfen wie zum Beispiel „natürlich", „Kalzium *gilt* als gesund" oder „mit wertvollen Nährstoffen." Aber Vorsicht: „gesund" assoziieren viele Menschen mit „nicht lecker". Darum ist es wichtig, immer auch den Geschmack stark mit zu kommunizieren.

Gesundheit ist ein wichtiger Wert, aber für die meisten Menschen nicht der zentralste. „Der Mensch sucht eben auch nach Genuss, nach Entspannung, nach Wohlbefinden", sagt der Ernährungssoziologe Daniel Kofahl. Nicht das Wissen über Klimafolgen oder Tierwohl habe die Zahl der Vegetarier und Veganer in Deutschland in den letzten Jahren ansteigen lassen, sondern hochwertige Ersatzprodukte und eine Kultur, in der vegetarisches Essen mehr mit Genuss assoziiert wurde, sei es in Kochbüchern oder Sterneküchen (Vgl. Kofahl 2020). Das heißt, Unternehmen mit Purpose sollten durchaus den Wunsch bedienen, moralisch einen guten Beitrag zu leisten – sei es in Sachen Tierwohl oder Umweltschutz – und die Gesundheitsaspekte zumindest nicht konterkarieren. Aber all dies zusammen ist nicht so wichtig wie das Genussversprechen.

## 4.2 Mit Humor gegen Sprachverbote und Hater

Der Mainstream assoziiert pflanzlich immer noch mit Verzicht, viele denken automatisch ans Grasfressen. Dem entgegenzuwirken, ist schwierig. Vor allem, wenn vegane Produkte nicht so heißen dürfen wie das, was sie sein sollen. Seit 2017 sind in der EU Bezeichnungen wie Joghurt, Sahne, Käse, Butter & Co. für pflanzliche Milchprodukte tabu. Fleischbezogene Begriffe wie Steak, Wurst, Schnitzel oder Burger sind noch erlaubt – 2020 hat das EU-Parlament das sogenannte Veggie-Burger-Verbot abgelehnt. Beispielsweise darf die vegane Weißwurst noch so heißen. Aber die „Leitsätze für vegane und vegetarische Lebensmittel mit Ähnlichkeit zu Lebensmitteln tierischen Ursprungs" geben vor, dass Bezeichnungen für spezifische Wurstwaren für vegane Lebensmittel nicht üblich sind.³ Diese Leitsätze sind zwar nicht verbindlich, werden aber von deutschen Behörden und Gerichten zum Beurteilen vermeintlicher „Irreführungen" herangezogen. Wer nicht riskieren will, Post von der Wettbewerbszentrale zu bekommen, verwendet solche Bezeichnungen nur mit einem Zusatz, wie zum Beispiel „Vegane Weißwurst Art" (Greenforce). Ärger droht auch Herstellern, die pflanzliche Fischalternativen unter Namen wie „Vuna" (Garden Gourmet), „PlanTuna" (Unfished) oder „F'sh Fillets" (Heüra) verkaufen: Fischereiverbände fordern bereits Verbote derartiger Wortspiele (Vegconomist 2024).

Die vielen Beschränkungen sind natürlich kein Zufall. Die Lobbys der Milch-, Fisch- und Fleischindustrie haben ein existentielles Interesse daran, der pflanzlichen Konkurrenz die Vermarktung zu erschweren. „Die Grenzen meiner Sprache bedeuten die Grenzen meiner Welt", schrieb schon Ludwig Wittgenstein (Wittgenstein 1918, S. 89). Was wir nicht benennen können, existiert nicht. Konstrukte wie „Vegane Streichcreme", „Genießerscheiben" (Simply V), „Creme Vega" (Dr. Oetker) und „Soja Cuisine" (z. B. Alnatura, Allos) klingen wenig sexy. Und oft wissen nur Eingeweihte, was damit gemeint ist. Wie aber soll man den Nutzen eines Produkts erkennen, wenn man es nicht versteht? Hier braucht es sehr viel Kreativität bei der Kommunikation.

Wichtig ist es zudem, eine positive, motivierende Sprache zu wählen, die den Fokus auf Genuss und Spaß legt statt auf Verzicht und Einschränkung. Also „Erreiche Deine höchsten Ziele", „Bring Deine Energie aufs nächste Level". Auch gut: positives Feedback vermitteln. Alpro beispielsweise bewirbt seine Mandelmilch (die natürlich nur „Mandeldrink" heißen darf) mit dem Spruch: „Für ein gesünderes Ich. Gut gemacht!" Das macht deutlich, dass es nicht um Perfektion geht, sondern die ersten Schritte zählen. Das Wort „Ersatz" sollte man meiden, denn es klingt nach zweiter Wahl. Besser sind Formulierungen wie „Alternative" oder „Option", die eine Wahlfreiheit implizieren. Generell sollte die Sprache inklusiv und wertfrei sein – die Leute wollen sich nicht schuldig fühlen. Wer sich an jüngere Zielgruppen wendet, kann sich mit Englisch behelfen. Bezeichnungen wie „Chicken Nuggets mit Cheese-Alternative" (Iglo), „Cottage Drops" (Züger) und „Marine-Style Crispy Filet" (Nestlé Garden Gourmet) kommen in der Gen Z gut an und die Marken erhalten einen weltoffenen, kosmopolitischen Touch.

Auch Witz und Humor sind geeignete Stilmittel, denn sie wirken souverän – und sind auch ein Ausdruck von Haltung. So wird die Wurst von Vegetarian

---

³ Erarbeitet hat die „Veggie-Leitsätze" die Deutsche Lebensmittelbuch-Kommission im Auftrag des BMEL, derzeit werden sie nachgebessert. Die Neufassung vom 4.12.2018 ist online abrufbar: https://www.bmel.de/SharedDocs/Downloads/DE/_Ernaehrung/Lebensmittel-Kennzeichnung/LeitsaetzevegetrarischeveganeLebensmittel.html (letzter Aufruf: 5.1.2024).

Butcher zur „Lass-die-Sau-raus Bratwurst", die „Pizza Tex Vex Vegan" von Followfood „brennt für unsere Zukunft" und der vegane Käse von Veganz trägt den schönen Namen „Cashewbert". Der Wortwitz lässt sich durch die gesamte Kommunikation ziehen. Der vegane Fisch von Endori „schwimmt auf einer Erfolgswelle" – „ganz ohne Haken für die Meere". Die Hackbällchen, Schnitzel und Steaks von Vegafit sind das „Fleisch vom Feld". Und als in vielen US-Supermärkten wegen der Vogelgrippe die Eier knapp wurden, bewarb Just Egg seinen Ei-Ersatz mit dem Slogan: „Just Egg is in stock. Plants don't get the Flu".

Humor wirkt menschlich, denn er zeigt, dass sich hinter dem Unternehmen Mitmenschen verbergen. Und er verbindet: Wer zusammen lacht, versteht sich. Humor wirkt auch kompetent, denn das Publikum erkennt: Man beherrscht seinen Stoff so virtuos, dass es leicht wirkt. Dazu gehört Mut. Aber der ist unabdingbar, um in der Medienflut nicht unterzugehen – erst recht, wenn man eigentlich ein ernstes Thema hat, das viele am liebsten ignorieren würden. Also: Warum nicht mal ein Wort neu schöpfen, das zur Brand passt? Auf der Website von The Nu Company kann man einen „Nusletter" bestellen, und beim veganen Kondom-Hersteller Einhorn lautet einer der Unternehmenswerte „unicornique".

Humor nimmt auch kommunikativen Härtefällen die Spitze: Wer kann schon ernsthaft eine Marketingabteilung bekriegen, die sich „Department of Mind Control" nennt? Und deren CEO im Werbespot beim amerikanischen Superbowl „Wow No Cow" singt? Oatly wird zwar regelmäßig von Wettbewerbern verklagt, aber die Herzen der Menschen fliegen der Marke genau wegen solcher Provokationen zu. Und auch wenn die Klage der schwedischen Milchindustrie Oatly 2015 in Bedrängnis brachte: Der Spruch „Wie Milch, aber für Menschen" ist legendär. Mit Humor lassen sich auch negative Kommentare positiv umdeuten. So kürte das deutsche Startup Greenforce das Hate-Feedback eines Facebook-Users namens Björn kurzerhand zum Slogan für ein Anzeigenmotiv: „Lieber lass ich mir einen Zahn ziehen, als das zu essen" – und konterte: „Sei kein Björn. Probier's pflanzlich!" Offenbar mit Erfolg: Aus der Instagram-Anzeige wurde eine groß angelegte Markenkampagne, die Verfügbarkeit im Handel stieg nach Angaben des Unternehmens um zehn Prozent (Vgl. Vegconomist 2023).

Aus Sorge, potenzielle Kundschaft zu verprellen, schrecken manche Hersteller und Händler vor dem Wort „vegan" zurück. Laut Forschern der Universität Hohenheim ist es bei Verbrauchern oft noch negativ konnotiert und wird mit Ideologisierung, Verzicht oder hoch verarbeiteten Lebensmitteln in Verbindung gebracht (Gebhardt 2023, S. 41). „Veggie", „plant-based" oder „pflanzenbasiert" soll weniger radikal klingen und mehr Menschen ansprechen. „Pflanzenbasiert" klingt im Deutschen allerdings äußerst sperrig. „Plantbased" klingt hipper, ist aber hierzulande noch nicht so gängig. Hinzu kommt: anders als für „vegetarisch" und "vegan" gibt es für diese Begriffe noch keine einheitliche Definition. Das kann zu Missverständnissen führen, ob das ganze Produkt pflanzlich ist oder nur einzelne Zutaten. Der Patty im McPlant-Burger von McDonald's beispielsweise ist zwar aus Erbsenprotein, aber drauf liegt Käse aus Kuhmilch. Und die Joghurt Gums von Katjes sind zwar „Veggie" und ohne tierische Gelatine, enthalten aber Milchpulver.

Für Klarheit sorgt eine Kennzeichnung wie „rein pflanzlich" oder „100 % pflanzlich" in Kombination mit einem Siegel, etwa dem europäischen V-Label oder der grünen Sonnenblume der britischen Vegan Society. Denn tatsächlich hat der Begriff „vegan" eine ethische Komponente: Typische Veganer ernähren sich nicht nur pflanzlich, sondern meiden tierische Produkte generell. Flexitarier dagegen verzichten vielleicht einfach nur mal bei einer Mahlzeit auf Fleisch. Untersuchungen aus den USA zeigen, dass die Masse dort eher negativ auf Lebensmittel reagiert, die mit „vegan", „vegetarisch" oder „plant-based" gekennzeichnet sind (Vgl. Berke und Larson 2023. Zu ähnlichen Ergebnissen kommen Sleboda et al. 2023). Etablierte Firmen wie Rittersport, Mövenpick, Meggle, Niederegger und Langnese beweisen zwar, dass man in Deutschland auch mit prominent als „vegan" gekennzeichneten Produkten Erfolg haben kann. Allerdings können sie auch mit dem Pfund der Markenbekanntheit wuchern.

Bei Kosmetik hingegen ist das Prädikat „vegan" eindeutig auf dem Vormarsch. The Body Shop hat erst kürzlich stolz verkündet, die erste globale Kosmetikmarke zu sein, die zu 100 Prozent als vegan zertifiziert wurde. Unter den jungen Briten sei „vegan" für mehr als jeden Zehnten ein wichtiger Faktor bei Kaufentscheidungen im Bereich Gesundheit und Schönheit.[4]

## 4.3 Die Macht der Bilder – und der Verpackung

In der PR spielt Sprache eine große Rolle. Dazu gehört nicht nur das geschriebene oder gesprochene Wort, sondern auch die Bildsprache. Ein Bild sagt vielleicht nicht immer mehr als tausend Worte. Aber das Sehen macht rund 80 Prozent unserer Wahrnehmung aus – vom Erkennen über das Verarbeiten von Informationen bis zum Erinnern (Vgl. Simm 2006). Wie mächtig Bilder sind,

---

[4] Repräsentative Erhebung von YouGov Großbritannien unter den 18- bis 24-Jährigen, zitiert nach: The Body Shop: „The Body Shop ist die erste global tätige Kosmetikmarke mit 100 % veganen Produktformulierungen, die von The Vegan Society zertifiziert wurde" (Pressemeldung), 2.1.2024, https://www.prnewswire.com/news-releases/the-body-shop-ist-die-erste-global-tatige-kosmetikmarke-mit-100--veganen-produktformulierungen-die-von-the-vegan-society-zertifiziert-wurde-302022365.html (letzter Aufruf: 4.1.2024).

wissen auch die Lobbys der tierverarbeitenden Industrien: glückliche Kühe grasen auf Milchtüten, flauschige Küken hüpfen auf Eierkartons und grüne Wiesen auf Fleischverpackungen gaukeln Bauernidylle vor. Wir glauben, was wir sehen (wollen). Entsprechend energisch, wenn auch bislang erfolglos hat die Milchlobby zu verhindern versucht, dass Hersteller ihre pflanzlichen Alternativprodukte abbilden oder Milchverpackungen verwenden, weil sie zu sehr an Milchprodukte erinnern (Vgl. Hagedorn 2021). Was absurderweise dazu geführt hätte, dass diese ihr eigenes Produkt nicht mehr hätten zeigen dürfen.

Zu einer Marke gehören adäquate Bildwelten. Eine eigene, typische Bildsprache, passend zum Corporate Design des Unternehmens ist Teil der Markenidentität. Die Bilder fungieren dabei als Metaphern für die Botschaften und fügen sich mit den Texten und anderen Gestaltungselementen wie zum Beispiel Schriftarten, Farben und Grafiken zu einem stimmigen Ganzen. Im Bereich der Food-PR sind gute Fotos besonders wichtig. Arrangiertes Essen findet sich schon auf Bildern der Renaissance, wo es vorrangig der Selbstdarstellung diente. Beim Anblick von leckerem Essen schüttet das Gehirn appetitanregende Hormone aus. Uns läuft buchstäblich das Wasser im Munde zusammen – das steigert unser Bedürfnis, etwas zu essen.

Auf den Verpackungen können ansprechende Fotos den Geschmack eines Nahrungsmittels betonen, Anwendungsmöglichkeiten zeigen und verbotene Bezeichnungen ersetzen. Auch das Verpackungsdesign selbst muss überzeugen und zusammen mit einem typischen Format und einer kreativen Bezeichnung das Produkt erklären. Ein auffälliges, fröhlich-buntes Design beispielsweise wirkt der Konnotation von Einschränkung entgegen und kann so auch die Flexitarier als Hauptzielgruppe ansprechen. Das Schweizer Startup Planted setzt bei seinen Fleischalternativen auf schicke Verpackungen in knalligem Lila, kombiniert mit Gelb, Orange oder Grasgrün und getoppt mit appetitlichen Produktfotos.

Dabei lässt sich auch die Verpackung selbst als Kommunikationsfläche nutzen. Oatly ist darin Meister: Mangels großer Werbebudgets hat die Marke von Anfang an seine Milchkartons in ihrer unkonventionellen 70er Jahre-Ästhetik mit englischem Text beladen. Rittersport informiert auf der Rückseite seiner Schokoladentafeln über die Herkunft seines zertifizierten Kakaos. Das Leipziger Startup The Nu Company erklärt auf der Folie seiner Schokoladentafeln, dass diese aus heimkompostierbarer Zellulose ist. Und Share bedruckt die Innenseite der Pappschachteln mit einem QR-Code, über den man erfährt, für welches Hilfsprojekt mit dem Kauf der Schokolade gespendet wurde.

Ein attraktives Verpackungsdesign ist auch wichtig für erfolgreiche Medienarbeit. Insbesondere bei Lifestyle-Medien achten Journalisten sehr genau darauf, dass Produkte optisch etwas hermachen. Das geht sogar so weit, dass ganze

Seiten in bestimmten Farben aufgemacht werden. Ob ein Produkt da gerade reinpasst, ist also auch Glückssache. Startups brauchen für die Medien zudem professionelle Gründerfotos: kreativ, originell und gern mit Bezug zum Produkt. Gute Infografiken helfen, trockene Zahlen zu veranschaulichen. So vermittelt der Fleischkonzern PHW beispielsweise die Ergebnisse einer Studie zum Konsum von Fleischalternativen über Grafiken im Comicstil (Vgl. Vegconomist 2021). Bilder aus der Massentierhaltung, brennende Regenwälder und verhungernde Eisbären will dagegen kein Mensch sehen. Sie haben zwar eine wichtige aufklärende Funktion. Doch sie lösen beim Betrachter unangenehme Gefühle aus – was die Unternehmenskommunikation tunlichst vermeiden sollte. Sie will die Menschen ja nicht verstören, sondern für sich gewinnen.

## Literatur

Berke, A; Larson, K. 2023. "The negative impact of vegetarian and vegan labels: Results from randomized controlled experiments with US consumers", in: *Appetite*, Bd. 188, 1.9.2023, https://doi.org/10.1016/j.appet.2023.106767 (letzter Aufruf: 4.1.2024).

Brombach, C. im Interview mit Bruhns, A. und Plötzl, N.F. 2023. „Mein Magen gehört mir", in: *Der Spiegel Wissen*, 3/2009, S. 19. https://magazin.spiegel.de/EpubDelivery/spiegel/pdf/67337609 (letzter Aufruf: 24.11.2023).

Gebhardt, B. 2023: „Hungrig nach Zukunft. Wie kommen Verbraucher auf den Geschmack?", in: BVLH (Hrsg.): Grüne Ernährung.

GfK 2020. „Kinder beeinflussen nachhaltigen Konsum" (Pressemeldung), 8.10.2020. https://www.gfk.com/de/presse/Kinder-beeinflussen-nachhaltigen-Konsum#:~:text=In%20den%2010%20untersuchten%20Ländern,und%20Eltern%20(19%20Prozent) (letzter Aufruf: 28.11.2023).

Hagedorn, C. 2021. Erfolg für Proveg: Zensur pflanzlicher Milchalternativen verhindert, 26.5.2021. https://proveg.com/de/blog/zensur-pflanzlicher-milchalternativen-verhindert/ (letzter Aufruf: 1.12.2023).

Klotter, C. im Interview mit Schneider, P. 2023. „Psychologe erklärt das ‚Meat-Paradox' – und woher die Wut auf Veganer rührt", in: *Focus*, 26.5.2023. https://www.focus.de/gesundheit/ernaehrung/das-meat-paradox-fleischesser-vs-veganer-das-meat-paradox-ist-schuld-am-ernaehrungs-streit_id_12264953.html (letzter Aufruf: 16.6.2024).

Kofahl, D. im Interview mit Pontius, J. 2020. „Männer tendieren mehr zum Fleisch", in: *Zeit*, 17.1.2020. https://www.zeit.de/zeit-magazin/essen-trinken/2020-01/daniel-kofahl-fleischkonsum-ernaehrungssoziologie-peak-meat (letzter Aufruf: 13.12.2023).

Pfeiler, T. im Interview mit Romanski, K. 2020. „‚Reden uns die Dinge schön': Fleisch-Skandale empören uns – für echten Wandel braucht es mehr", in: *Focus*, 26.6.2020. https://www.focus.de/perspektiven/gesellschaft-gestalten/psychologin-im-gespraech-reden-uns-dinge-schoen-fleisch-skandale-empoeren-uns-fuer-echten-wandel-braucht-es-mehr_id_12133727.html (letzter Aufruf: 27.11.2023).

Pennanen, K. et al. 2024. "Is it me or others who matter? The interplay between consumer values vis-à-vis status and affiliation motives as shapers of meat alternative interest", in: *Appetite*, 1.1.2024, Bd. 192, https://doi.org/10.1016/j.appet.2023.107114 (letzter Aufruf: 4.1.2024).

Pörksen, B. 2023. „Die redaktionelle Gesellschaft. Eine konkrete Utopie für die digitale Diskurskultur", in: *Aus Politik und Zeitgeschichte*, 20.10.2023. https://www.bpb.de/shop/zeitschriften/apuz/diskurskultur-2023/541847/die-redaktionelle-gesellschaft/ (letzter Aufruf: 23.11.2023).

Rößer, M. 2022. „Iglo fordert mit Vegan-Kampagne Eltern heraus", in: *Werben & Verkaufen*, 25.7.2022. https://www.wuv.de/Themen/Markenstrategie/Iglo-fordert-mit-Vegan-Kampagne-Eltern-heraus (letzter Aufruf: 28.11.2022).

Schneider, P. 2019. „Der Süßwaren-Hersteller Katjes erntet für einen Werbespot für vegane Schokolade heftige Kritik. Doch hat die Kampagne der Marke geschadet oder genutzt?", in: *Wirtschaftswoche*, 28.10.2019. https://www.wiwo.de/unternehmen/handel/brandindex-kuehe-als-milchmaschinen-so-wirkt-sich-der-katjes-spot-auf-die-marke-aus/25156796.html (letzter Aufruf: 28.11.2023).

Sleboda, P. et al. 2023. „Don't say ‚vegan' or ‚plant-based": Food without meat and dairy is more likely to be chosen when labeled as ‚healthy' and ‚sustainable", in: *Journal of Environmental Psychology*, 12.12.2023, https://doi.org/https://doi.org/10.1016/j.jenvp.2023.102217 (letzter Aufruf: 16.12.2023).

Simm, M. 2006. „Sehen – (K)ein selbstverständliches Wunder", in: *Das Gehirn*, 8.12.2006. https://www.dasgehirn.info/wahrnehmen/sehen/sehen-kein-selbstverstaendliches-wunder (letzter Aufruf: 1.12.2023).

Stöcker, C. 2023. „Die Psychologie des betreuten Selbstbetrugs", in: *Der Spiegel*, 27.8.2023. https://www.spiegel.de/wissenschaft/mensch/wie-einzelne-versuchen-die-klimakrise-kleinzureden-und-wieso-manche-ihnen-glauben-a-35759cf5-6a49-44ed-9f66-2e59fecdf753 (letzter Aufruf: 27.11.2023).

Vegconomist 2024. „Confused By This Plant-Based Seafood Label? The European Fishing Industry Says You Are", 4.12.2024. https://vegconomist.com/food-and-beverage/meat-and-fish-alternatives/plant-based-seafood-label-european-fishing-industry (letzter Aufruf: 16.6.2024).

Vegconomist 2023. „Greenforce setzt erfolgreich kreative Markenkampagne um", 11.8.2023. https://vegconomist.de/marketing-und-medien/greenforce-setzt-erfolgreich-kreative-marketingkampagne-um/?utm_medium=email&utm_source=rasa_io&utm_campaign=newsletter&nab=0 (letzter Aufruf: 30.11.2023).

Vegconomist 2021. „PHW stellt neue Veggie-Studie vor", 22.1.2021. https://vegconomist.de/studien-und-zahlen/phw-stellt-neue-veggie-studie-vor (letzter Aufruf: 3.12.2023).

Wittgenstein, L. 1918. Tractatus logico-philosophicus. Logisch-philosophische Abhandlung, Wien.

# Fakten, Fakten, Fakten: Impact messen und veranschaulichen 5

> **Zusammenfassung**
>
> Vegane und nachhaltige Produkte sind immer noch sehr erklärungsbedürftig. Da reicht es nicht, wenn Unternehmen und Startup mit Purpose einfach nur die richtigen Dinge tun. Sie müssen auch mit fundierten Fakten und glaubwürdigen Quellen eine Informationslage schaffen, die ihren Impact veranschaulicht. Zum Beispiel mit $CO_2$-Vergleichen oder Lebenszyklusanalysen können sie das Vertrauen der Verbraucher gewinnen – und sich auch des Greenwashing-Vorwurfs erwehren. Die große Herausforderung dabei: Die komplexen Zusammenhänge vereinfachen, ohne sie zu verfälschen. Glaubwürdigkeit und Vertrauen sind in Sachen Nachhaltigkeit kaufentscheidend. Dazu gehört auch eine transparente Kommunikation bei Schwachstellen. Gefragt sind verbrauchernahe, realitätsbezogene und wissenschaftlich fundierte Informationen – von der Herkunft der Rohstoffe über die Herstellung der Produkte bis zu deren Eigenschaften und Verwendung. Denn trotz Vegan-Welle haben viele immer noch keine Ahnung, wie Seitan, Tempeh und Co. schmecken und wie sie zubereitet werden.

Positiv kommunizieren ist gut, aber Lösungen aufzuzeigen reicht allein nicht aus. Denn damit erreicht man oft vor allem die bereits Überzeugten. Menschen, denen die Auswirkungen und die Zusammenhänge von Tierwirtschaft und Klimakrise nicht ausreichend bewusst sind, erschließt sich daraus nicht, warum Verhaltensänderungen nötig sind. Dazu müssen rationale Argumente

© Der/die Autor(en), exklusiv lizenziert an Springer Fachmedien Wiesbaden GmbH, ein Teil von Springer Nature 2024, korrigierte Publikation 2024
K. Kasper, *PR für vegane und nachhaltige Produkte*,
https://doi.org/10.1007/978-3-658-44630-7_5

wie Umweltschutz, Tierwohl und Gesundheit stärker und glaubwürdiger kommuniziert werden. Das Problem: Als glaubwürdige Informationsquellen gelten in Deutschland hauptsächlich staatliche oder wissenschaftliche Einrichtungen. Gemäß Nielsen-Werbeforschung hält nur ein Viertel der Verbraucher Produktinformationen, die von Unternehmen gestellt werden, für vertrauenswürdig (Gundelach 2023). Um das Vertrauen der Konsumenten zu gewinnen, braucht es deshalb präzise und belegbare Aussagen statt vager Claims wie „natürliche Inhaltsstoffe" oder „klimaneutral".

Auch die neue Verbraucherschutz-Richtlinie *(Empowering Consumers Directive)* der EU verlangt, dass umweltbezogene Aussagen überprüfbar und unmissverständlich sind.[1] Unternehmen und Startups müssen also mit fundierten Fakten und glaubwürdigen Quellen eine Informationslage schaffen, die ihren Impact veranschaulicht. Solche Informationen findet man oft durch umfassende Recherchen im Internet. Dabei ist auf die Qualität des Materials zu achten: Als glaubwürdig gelten vor allem wissenschaftliche Fachartikel, Studien und Statistiken von Marktforschungsinstituten, Verbänden und großen Verlagen sowie von öffentlichen Institutionen wie Ministerien und statistischen Landesämtern. Auch die Aktualität ist wichtig: Die Marktverhältnisse verändern sich rasant, älteres Material wirkt schnell überholt.

Über die englischsprachige Meta-Datenbank Pubmed beispielsweise kann man kostenlos auf Millionen medizinische Fachartikel zugreifen. Daten und Analysen zum Thema Nachhaltigkeit findet man online beim Umweltbundesamt, bei der Europäischen Umweltagentur (EEA) und der Statistischen Division der UN (UNSD). Allerdings sind die Informationen meist alles andere als allgemein verständlich formuliert. Die Herausforderung besteht darin, sie anhand von alltäglichen Themen oder Vergleichen greifbar zu machen. Das Berliner Startup Vly beispielsweise vergleicht den Impact seiner Milchalternative auf Erbsenbasis eingängig mit Kuhmilch: Bei der Herstellung fällt nur ein Sechzehntel $CO_2$ an und man braucht nur ein Fünftel der Anbaufläche (Vgl Veconomist 2021). Das Ausweisen des Klima-Impacts zeigt dem Konsumenten auf, dass er eine soziale Verantwortung hat – ohne zu moralisieren oder ihm etwas zu verbieten. Stattdessen kann er sich als selbstwirksam erfahren, denn: jede verkaufte Packung ist ein Gewinn für den Planeten.

Wenn die Fakten nicht sauber recherchiert und dokumentiert werden, kann der Schuss aber auch nach hinten losgehen. Das Münchner Startup Greenforce konnte

---

[1] Die am 17. Januar 2024 vom Europäischen Parlament verabschiedete Direktive sieht eine Umsetzungsfrist von 24 Monaten vor. Sie soll die so genannte Green Claims-Richtlinie unterstützen, die derzeit noch im Ausschuss des Parlaments diskutiert wird. Sie soll die Bedingungen für die Verwendung umweltbezogener Aussagen spezifizieren.

auf Nachfrage von Journalisten die behaupteten $CO_2$-Bilanzen seiner Produkte nicht belegen. Es erntete äußerst kritische Medienberichte und musste einige seiner Behauptungen zurückziehen (Arnold und Dietsch 2023). Wo keine zuverlässigen Daten vorhanden sind, sollten deshalb selbst welche ermittelt werden. Zum Beispiel mit Lebenszyklusanalysen, die $CO_2$-Fußabdruck, Wasserverbrauch und Energie-Ressourceneinsatz eines Produkts berechnen – „von der Wiege bis zur Bahre". Damit lassen sich individuelle Ökobilanzen für Produkte erstellen und vergleichen.

Das französische Startup Bon Vivant hat den Lebenszyklus der Milch analysieren lassen, die es mittels Präzisionsfermentation aus Milchproteinen herstellt. Demnach verursacht die Produktion 96 % weniger Emissionen als Kuhmilch und verbraucht 99 Prozent weniger Wasser, 92 Prozent weniger Land und 50 Prozent weniger Energie (Vgl. Vegconomist 2023b). Upfield ließ den $CO_2$-Ausstoß bei der Produktion seiner Margarine im Vergleich zu Butter berechnen: neun Kilo weniger je Kilo. Greifbar macht der Hersteller das Ergebnis mit einem Vergleich: Eine vierköpfige Familie spart mit Margarine statt Butter im Jahr so viel Emissionen ein, wie eine Autofahrt über 1000 Kilometer verursacht (Vgl. Vegconomist 2020). Auch der Discounter Penny wirbt mit Klimabilanz-Vergleichen: Das vegane Hack der Eigenmarke „Food for Future" verursacht demnach nur 1,79 Kilo $CO_2$ pro Kilogramm – gegenüber 19,58 Kilogramm bei Rinderhack.[2]

Der Aufwand für solche Analysen ist riesig. Aber vegane und nachhaltige Produkte sind sehr erklärungsbedürftig. Da reicht es nicht, einfach nur die richtigen Dinge zu tun. Unternehmen und Startups mit Purpose müssen auch das Vertrauen der Verbraucher gewinnen – durch Transparenz. Denn darauf sind Marken mit ernsthaftem Anliegen angewiesen. Zumal sich heutzutage gefühlt jedes Unternehmen Nachhaltigkeit auf die Fahnen schreibt. Da stehen Marken, die damit werben, bei vielen Verbrauchern generell unter Greenwashing-Verdacht.[3] Als vertrauensbildende Maßnahme müssen Unternehmen mit Purpose deshalb Nachweise für den Mehrwert liefern, den ihre Produkte durch die Nachhaltigkeit bieten. Sonst will auch keiner dafür mehr bezahlen. Glaubwürdigkeit und Vertrauen sind in Sachen Nachhaltigkeit kaufentscheidend. Laut Daten der GfK kann über die Hälfte der deutschen Konsumente gar nicht einschätzen, wie umweltverträglich Produkte wirklich sind. Zahlen und Fakten spielen daher für fast zwei Drittel

---

[2] Diese und weitere Informationen zur Berechnung finden sich auf der Website von Penny: „Klimaleicht mit Penny", https://www.penny.de/clever-kochen/klimaleicht (letzter Aufruf: 5.1.2024).
[3] Bei Lebensmitteln und Kosmetik vermuten 41 Prozent der Deutschen Greenwashing, bei Mode sogar bei 45 Prozent (Vgl. Kucher 2023).

der Deutschen eine wichtige Rolle, wenn es darum geht, den Nachhaltigkeitsversprechen zu glauben (Vgl. GfK 2023). Hier können Hersteller und Händler mit entsprechender Kommunikation für Vertrauen sorgen.

Ziel muss es sein, den Verbrauchern informierte Konsumentscheidungen zu ermöglichen. *„You can't make changes in your life unless you compare"*, erklärt John Schoolcraft, Kreativchef bei Oatly, die Angabe des $CO_2$-Fußabdruckes auf den Milchkartons (Vgl. Schoolcraft, J. 2019). Aber das ist nicht einfach, weil die Komplexität oft schwer zu kommunizieren ist – etwa von technischen Prozessinnovationen bei der Herstellung von Fleischalternativen. Oder den Auswirkungen der Tierwirtschaft auf Umwelt, menschliche Gesundheit und Welthunger. Die große Herausforderung liegt darin, die komplexen Zusammenhänge zu vereinfachen, ohne sie zu verfälschen. Hinzu kommt, dass wir es mit vielen schwierigen Begriffen zu tun haben, ob $CO_2$-Äquivalente, regenerative Landwirtschaft oder Nachhaltigkeit. Die Nachweise müssen jedoch für jeden nachvollziehbar sein. Gute Slogans allein reichen nicht – das können andere, die nicht nachhaltig sind, auch.

## 5.1 Transparent auch bei Schwachstellen

Zur Transparenz gehört auch zu sagen, was noch nicht perfekt ist. Denn aus Ehrlichkeit entsteht Treue. Oatly schreibt deshalb offen auf seine Verpackungen: „Wir sind nicht perfekt, aber wir wollen gut sein. Hier steht wie…". Es folgt eine Aufzählung, was die Firma schon alles für mehr Nachhaltigkeit tut. Statt KPIs in aufgebrezelte Nachhaltigkeitsreports zu gießen, geht Oatly in den Dialog mit den Leuten. Und schreibt auf seiner Website zum Hafer-Eis, dass es „alle unsere Rekorde in Sachen Ungesundheit, Unausgewogenheit und allgemeiner Unbekümmertheit bricht." Eine augenzwinkernde Botschaft, die auch der These entgegenwirkt, vegane Ernährung sei per se gesund und kalorienarm. Denn die wird schnell konstruiert, wenn man Abnehmen und Gesundheit überbetont. Und sie macht angreifbar, wie man an der Kritik an Fleischalternativen sehen kann.

Gute Kommunikation setzt an den Bedürfnissen der Verbraucher an – oder eben auch an ihren Zweifeln. Pflanzliche Fleischalternativen sind immer noch industrielle Produkte. Für die fleischähnliche Textur werden Proteinkonzentrate mittels Wasser, Hitze und Druck in einer großen Maschine texturiert. Dieser Prozess ist ein Weg, um das übergeordnete Ziel zu erreichen: eine nachhaltige Proteinversorgung ohne Tierleid und desaströse Umweltauswirkungen. Die Herausforderung für die PR besteht darin, diese Realität zu vermitteln. Planted beispielsweise führt Besuchergruppen durch seine gläserne Produktion in Kemptthal bei Zürich und verteilt Flyer im Supermarkt: Neben leckeren Rezepten erklärt eine Grafik den Herstellungsprozess des „Planted.Chicken". Auch der Beitrag zur Nachhaltigkeit wird beziffert: ½ Landnutzung, 2/3 Treibhausemissionen, ½ Wassernutzung im Vergleich zur Produktion von Hähnchenfleisch. Der Fokus liegt auf positiven, faktenbasierten Botschaften – ehrlich und transparent, ohne Übertreibung oder Sugarcoating.

Vermeintlich „hochverarbeitete" Lebensmittel gelten auch oft als ungesund – unabhängig vom tatsächlichen Nährstoff- oder Kaloriengehalt. Ernährungswissenschaftlich macht das kaum Sinn, denn genauso wie bei wenig verarbeiteten Lebensmitteln gibt es auch hoch verarbeitete Lebensmittel mit gutem und schlechtem Nährwertprofil. Und hochverarbeitete Fleischalternativen sind, das zeigen wissenschaftliche Studien, nicht mit gesundheitlichen Nachteilen assoziiert (Cordova et al. 2023[4]). Aber auch auf lange Zutatenlisten reagieren viele Verbraucher sensibel – vor allem, wenn dort Inhaltsstoffe auftauchen, die sie nicht aus ihrem eigenen Kühlschrank kennen. E-Nummern werden pauschal als „Chemie" eingestuft, dabei können das ganz natürliche Stoffe sein. Äpfel zum Beispiel enthalten E 440 – dahinter verbirgt sich Pektin, das als pflanzliches Geliermittel eingesetzt wird. Auch der Name spielt bei der Kundenwahrnehmung eine Rolle: Tocopherol und Ascorbinsäure klingen künstlich, sind aber die natürlichen Vitamine E und C. Solche Vorbehalte der Verbraucher sitzen oft tief, rein rationale Argumente bringen da wenig. Deshalb ist es wichtig, bei der Kommunikation von Fleischalternativen Genuss und Spaß zu betonen anstelle eines Gesundheitsversprechens.

Eine weitere kommunikative Herausforderung sind die oft höheren Preise für pflanzliche Alternativprodukte.[5] Hier ist es zum einen wichtig zu veranschaulichen, dass sich nachhaltiger Konsum gleich in mehrfacher Hinsicht lohnt: finanziell, gesundheitlich, für Umwelt und Tiere. Beispielsweise ist immer noch zu wenig bekannt, dass eine vegane Ernährung sogar günstiger ist als eine mit Fleisch, sofern man auf Fertigprodukte verzichtet und selbst kocht (Springmann

---

[4] Zum selben Schluss kommt das Good Food Institute (GFI): Seinem Bericht zufolge haben pflanzliche Fleischalternativen wegen ihres Ballaststoffgehalts und wenig gesättigten Fettsäuren sogar diverse gesundheitliche Vorzüge gegenüber Fleisch, das nicht als hochverarbeitet gilt. (Siehe GFI 2023.)

[5] Laut einer Preisstudie der Ernährungsorganisation ProVeg kostete im August 2023 ein pflanzlicher Warenkorb in Deutschland im Schnitt 25 Prozent mehr als ein vergleichbarer mit Tier. Die Studie ist online abrufbar: https://proveg.com/de/pressemitteilung/aufpreis-fuer-pfl anzliche-alternativen-53-25-und-sinkend/ (letzter Aufruf: 6.12.2023).

et al. 2021).[6] Zum anderen ist es wichtig, über die Ursachen der Preisunterschiede aufzuklären – von den hohen Entwicklungskosten und Handelsmargen über die Skaleneffekte und Subventionen für die Tierwirtschaft bis hin zu deren externalisierten Kosten für Umwelt- und Gesundheitsschäden.[7]

Wie das aussehen kann, zeigte Penny medienwirksam im Sommerloch: Der Discounter verkaufte eine Woche lang Käse und Würstchen zu „wahren Kosten", welche durch die Produktion verursachte Umweltschäden berücksichtigten. Plötzlich waren die tierischen Lebensmittel fast doppelt so teuer wie ihre pflanzlichen Pendants. Begleitet wurde die Aktion durch Informationen über das Zustandekommen der neuen Preise am PoS. Diese Art der Vermittlung von alltagsrelevantem Wissen dürfte einige Konsumenten zum Nachdenken gebracht haben. Die Live-Erfahrungen lassen sich sogar noch verstärken durch ergänzende digitale Serviceangebote. Zum Beispiel können Apps Rezepttipps zu Produkten geben und deren ökologischen Fußabdruck oder Lebenszyklus anzeigen.

Gefragt sind verbrauchernahe, realitätsbezogene und wissenschaftlich fundierte Informationen – von der Herkunft der Rohstoffe über die Herstellung der Produkte bis zu deren Eigenschaften und Verwendung. Und wenn zum Beispiel eine Zutat umstritten ist, nehmen vorbeugende Informationen den Kritikern den Wind aus den Segeln. So schreibt beispielsweise Alpro vorbeugend auf die Verpackungen seines Mandeldrinks: „Vor allem durch Regen bewässert". Wichtig ist auch eine Selbstverpflichtung der Unternehmen: Sie sollten nicht beim veganen Produkt stehen bleiben, sondern auch auf eine nachhaltige Verpackung und Herstellung achten und sich immer höhere Benchmarks setzen. Wohin die Reise gehen kann, zeigen Firmen wie das österreichische Startup Wunderkern, das in einer Kreislaufwirtschaft Milch- und Käsealternativen aus Obstkernen herstellt – Abfallprodukten der Saft- und Marmeladenherstellung.

Eine offensive Nachhaltigkeitskommunikation und Transparenz bei Schwachstellen sind aber auch für konventionelle Unternehmen wichtig. Denn dies ist der

---

[6] Zu diesem Ergebnis kommt auch die Studie des gemeinnützigen Forschungsinstituts für pflanzenbasierte Ernährung (IFPE), eine Zusammenfassung ist hier online: https://ifpe-giessen.de/wp-content/uploads/2022/08/Die-wahren-Veggie-Kosten.pdf (letzter Aufruf: 6.12.2023).

[7] Laut einer Stanford-Studie fließen in der EU 1200 mal mehr öffentliche Mittel in die Tierwirtschaft als in pflanzliche oder kultivierte Fleischalternativen (Vgl. Carrington 2023). Eine vom „Bündnis Gemeinsam gegen die Tierindustrie" am 4.3.2021 veröffentlichte Studie schätzt die Subventionen für die deutsche Tierwirtschaft auf über 13 Milliarden Euro pro Jahr. Die Studie ist online abrufbar: https://gemeinsam-gegen-die-tierindustrie.org/wp-content/uploads/2021/03/Studie-Milliarden-Tierindustrie-GgdT-2021.pdf (letzter Aufruf: 6.12.2023).

effektivste Weg, um nicht dauerhaft am Pranger zu stehen. Dazu gehört, konkrete Nachhaltigkeitsziele zu benennen und die wirtschaftliche Transformation als Prozess mit seinen jeweiligen Milestones zu kommunizieren. Das birgt zwar das Risiko, für nicht erreichte Ziele kritisiert zu werden. Aber mit Kritik müsste das Unternehmen ja sonst auch rechnen.

Eine klare und transparente Kommunikation gibt Verbrauchern Sicherheit und Vertrauen. Dazu sollten Unternehmen, Startups und Handel jede Gelegenheit nutzen. Gerade im Supermarkt gibt es viele Möglichkeiten: Handzettel und Kundenmagazine können die Produkte bewerben und Rezepte vorstellen, Videoterminals über Warengruppen, Kategorien und Siegel informieren. Zum Beispiel könnten Live-Bilder auf großen Bildschirmen Einblick in die Produktion pflanzlicher Milch geben. Bevorzugte Platzierungen im Regal, Rezeptkarten, Regalstopper und -aufkleber lenken die Aufmerksamkeit auf Produkte und Aktionen. Farbig gekennzeichnete Regale und Preisschilder schaffen Orientierung. Vegane Produkte in Bedientheken ermöglichen eine persönliche Beratung und variable Portionsgrößen. Gut gemachte Zweitplatzierungen setzen die Produkte sortimentsübergreifend in Szene – beispielsweise zu Anlässen wie Grillsaison, Schulanfang oder Oktoberfest.

Dieses *Nudging* – auf Deutsch: Anstupsen – lässt der Person immer ihre Entscheidungsfreiheit, schafft aber positive Anreize für Verhaltensänderungen.

Das funktioniert auch in der Gemeinschaftsverpflegung: Seit der Küchenchef in der Kantine des *Spiegel* auf der Speisekarte das traditionell fleischlastige „Essen 1" in der Reihenfolge gegen die vegane Option „Essen 4" ausgetauscht hat, wird Vegan doppelt so häufig gewählt (Vgl. Tietz 2023). Und ein Experiment an der Universität München zeigte, dass die Studierenden weniger Fleischgerichte bestellten, wenn der $CO_2$-Fußabdruck angegeben wurde (Vegconomist 2023c).

## 5.2 Themen entwickeln

Natürlich sollte man die Kommunikation nicht erst im Supermarktregal oder an der Essensausgabe in der Mensa beginnen, sondern Märkte, Trends und gesellschaftliche Ereignisse aufmerksam beobachten. Es gilt, die Gelegenheiten zu nutzen, bei denen man sich in den Medien als Marke positionieren kann. „Huckepack" oder auch „Newsjacking" nennt man in der PR die Strategie, auf ein populäres Trägerthema aufzuspringen. Hilfreich sind hier Tools wie Google Trends, um häufig eingegebene Suchbegriffe einzusehen, und Google Alerts für Benachrichtigungen zu bestimmten Themen. So lassen sich aktuelle Aufhänger für Themen finden, die zum eigenen Unternehmen passen. Wichtig dabei: sich in die Empfänger und ihre Lage hineinzuversetzen. Wo liegt ihr größtes Interesse? Und wie kann ich dieses Interesse in den Mittelpunkt stellen?

Das heißt, ich zeige die Vorteile für den anderen auf und beziehe dessen Alltag und Werte ein. Zum Beispiel durch das Vermitteln von Ernährungswissen, das in vielen Familien nicht mehr selbstverständlich ist. Laut einer Studie der AOK verfügt nur die Hälfte der Erwachsenen über eine adäquate Ernährungskompetenz (Kolpatzki und Zaunbrecher 2020). Und trotz Vegan-Welle haben viele immer noch keine Ahnung, wie Seitan, Tempeh und Co. schmecken und wie sie zubereitet werden. Manche Marken stellen deshalb die Gelingsicherheit in den Vordergrund ihrer Kommunikation. Die Kunden sollen das Gefühl haben, dass sie da etwas produzieren, das ihnen und den anderen im Haushalt schmeckt. Wichtig sind daher Rezepte und Zubereitungshinweise auf Verpackungen und Websites sowie Verkostungsaktionen in Supermärkten. Den Einstieg erleichtern vor allem vertraute Speisen, die mit veganen Produkten nachgeahmt werden. Vertrautes Essen weckt schöne Erinnerungen, bei denen unser Gehirn das Glückshormon Dopamin produziert. Das motiviert zur Wiederholung. (Dies erklärt auch, weshalb deutsche Urlauber selbst bei 35 Grad im Schatten gern Schnitzel und Pommes essen. Oder dass Auswanderer ihre Kochkultur oft über Generationen beibehalten.) Wir verbinden mit dem Essen Identität, Heimat und die Nestwärme aus unserer Kindheit. Diese Sehnsucht nach Vertrautem ist evolutionär bedingt: Vertraute Speisen geben uns Sicherheit – man könnte ja versehentlich etwas Giftiges essen.

Die Marktforscher von Innova Market Insights haben untersucht, was Verbraucher trotz der hohen Preisinflation bei Lebensmitteln und dem Zwang zum Sparen zu höheren Ausgaben anregt: auffällige, beliebte und regionale Inhaltsstoffe, umweltbezogene Aussagen einschließlich Tierschutz und gesundheitliche Vorteile (Vegconomist 2023a). Demnach ist es ratsam, positiv assoziierte Zutaten wie zum Beispiel Protein herauszustellen oder auf den niedrigeren Wasserverbrauch eines Produkts hinzuweisen. Hilfreich ist es auch, die Vielfalt zu zeigen, die vegane und nachhaltige Produkte auf den Teller bringen – ob Sojabohnen, Lupinen, Linsen oder Hanfsamen. Denn: „im Grunde haben wir ja eine Monokultur auf dem Teller. Mit gerade einmal zwölf Pflanzen und fünf Tierarten werden 75 Prozent der weltweit konsumierten menschlichen Nahrung erzeugt", sagt die bekannte Foodtrend-Forscherin Hanni Rützler (2020).

So kommt man weg vom reinen Klimanarrativ, das mit Verzicht, hohen Kosten und Anstrengungen in Verbindung gebracht wird. Es gilt klarzumachen, dass eine vegane und nachhaltige Ernährung die Menschen glücklicher und gesünder macht. Und da es den meisten Menschen leichter fällt, in kleinen Schritten anzufangen, können Unternehmen ihnen Brücken bauen und vorschlagen, zum Beispiel nur an einem Tag der Woche das Fleisch zu ersetzen.

Eine hohe Authentizität können Kommunikationsmaßnahmen mit Testimonials erzielen, die durch ihr persönliches Handeln oder ihre Lebensgeschichte besonders glaubwürdig sind. Etwa die Betreiberin eines veganen Cafés, die Tipps zum Backen ohne Ei gibt, oder ein Koch, der mit einfachen Rezeptideen für eine pflanzliche Küche inspiriert. Die Fleischersatz-Marke Like Meat setzt auf den Schauspieler Martin Semmelrogge, um eine eher männliche Zielgruppe zu erreichen. Die Kampagne spielt mit maskulinen Stereotypen und soll die Vorurteile der Boomer-Generation auf die Schippe nehmen. Von nicht glaubwürdigen Testimonials ist hingegen abzuraten, selbst wenn sie sehr prominent sind: Zu groß ist die Gefahr, dass sie die Aufmerksamkeit auf sich lenken, ohne dass eine Verbindung zur Marke hergestellt würde.

Gute Themen ergeben sich auch aus Kooperationen. Man erschließt neue Zielgruppen, generiert mehr Aufmerksamkeit und spart Kosten – eine Win–Win-Situation für beide Partner. Die vegane Kosmetikmarke Elf beispielsweise brachte mit der US-Restaurantkette Chipotle eine mexikanisch inspirierte Makeup-Kollektion heraus – inspiriert von den Plantbased-Gerichten der Tex-Mex-Restaurants. Durch eine Vernetzung mit Institutionen, Verbänden, Wissenschaft und Medien können Hersteller, Händler und Interessenverbände sogar den Makel der mangelnden Glaubwürdigkeit ausgleichen. Ben & Jerry's etwa hat sich mit Rewe und der Deutschen Klimastiftung zusammengetan, um für seine vegane Eissorte „Climate Just'Ice Now!" zu werben. Auf der Website der Eiscreme-Marke gibt's Gewinnspiele und Online-Kurse zum Thema Klimagerechtigkeit. Wer denkt da noch an die Millionen Liter Milch, die Ben & Jerry's für seine übrigen Sorten verarbeitet? Die positive Message ist klar: Jeder Schritt zählt.

## Literatur

Arnold, K.; Dietsch, B. 2023: „Was steckt hinter der Pulver-Revolution von Greenforce?", in: *flip*, 3.8.2023. https://letsflip.de/pulver-revolution-greenforce-vegan-fleischersatz-nutriscore/ (letzter Aufruf: 4.12.2023).

Carrington, D. 2023. „'Gigantic' power of meat industry blocking green alternatives, study finds", in: *The Guardian*, 18.8.2023. https://www.theguardian.com/environment/2023/aug/18/gigantic-power-of-meat-industry-blocking-green-alternatives-study-finds (letzter Aufruf: 6.12.2023).

Cordova, R. et al. 2023. "Consumption of ultra-processed foods and risk of multimorbidity fo cancer and cardiometabolic diseases: a multinational cohort study", in: *The Lancet*,

Bd. 35, Dezember 2023. https://doi.org/10.1016/j.lanepe.2023.100771 (letzter Aufruf: 6.12.2023).

GfK 2023. „Sorge um Inflation bremst nachhaltigen Konsum" (Pressemeldung), 9.11.2023. https://www.gfk.com/de/presse/sorge-um-inflation-bremst-nachhaltigen-konsum (letzter Aufruf: 22.11.2023).

GFI 2023. Plant-based meat and health in Europe, November 2023. https://gfieurope.org/plant-based-meat-and-health-in-europe/ (letzter Aufruf: 6.12.2023).

Gundelach, J. 2023. „Grün, bio oder klimaneutral? Am besten einfach ehrlich", in: *Werben & Verkaufen,* 9.10.2023. https://www.wuv.de/Themen/Markenstrategie/Gruen-bio-oder-klimaneutral-Am-besten-einfach-ehrlich (letzter Aufruf: 5.12.2023).

Kolpatzik, K.; Zaunbrecher, R. (Hrsg.) 2020. Ernährungskompetenz in Deutschland, Berlin 2020, S. 3. https://www.aok-bv.de/imperia/md/aokbv/presse/pressemitteilungen/archiv/2020/pk_food_literacy_studienbericht_160620.pdf (letzter Aufruf: 10.12.2023).

Kucher, S. 2023. „Retail-Studie 2023: Deutsche kaufen ohne nachhaltiges Sortiment weniger", 7.11.2023. https://www.simonkucher.com/de/insights/retail-studie-2023-deutsche-kaufen-ohne-nachhaltiges-sortiment-weniger (letzter Aufruf: 5.1.2024).

Rützler, H. im Interview mit Menzel, S. 2020. „Monokultur auf dem Teller", in: *Rundschau für den Lebensmittelhandel,* 9/20, S. 74.

Springmann, M. et al. 2021. „The global and regional costs of healthy and sustainable dietary patterns: a modelling study", in: *The Lancet,* Bd. 5, Ausg. 11, November 2021. https://doi.org/10.1016/S2542-5196(21)00251-5 (letzter Aufruf: 6.12.2023).

Schoolcraft, J. 2019. „How to Crack Consumer Marketing Without A Marketing Team" beim Slush-Festival, 11.12.2019, online abrufbar: https://www.youtube.com/watch?v=YK0ezpF5Q8 (letzter Aufruf: 4.12.2023).

Tietz, J. 2023. „Liebling Kreuzberg", in: *Der Spiegel,* 7.8.2023. https://www.spiegel.de/politik/deutschland/news-des-tages-friedrich-merz-und-kreuzberg-lebenswerte-landkreise-alice-weidel-und-unwetter-in-griechenland-a-0b9d52ea-b7dc-43cf-ae6b-6867315c72da (letzter Aufruf: 10.12.2023).

Vegconomist 2023a. „Innova Market Insights prognostiziert Lebensmittel- und Getränketrends für 2024", 25.10.2023. https://vegconomist.de/markt-und-trends/innova-market-insights-prognostiziert-lebensmittel-und-getraenketrends-fuer-2024/ (letzter Aufruf: 10.12.2023).

Vegconomist 2023b. "Study: Animal-Free Milk Generates 96% Fewer Emissions Than Dairy", 8.9.2023. https://vegconomist.com/food-and-beverage/milk-and-dairy-alternatives/animal-free-milk-emissions-dairy (letzter Aufruf: 4.12.2023).

Vegconomist 2023c. „CO2-Angaben beeinflussen Essverhalten", 26.1.2023. https://vegconomist.de/studien-und-zahlen/universitaet-muenchen-co2-angaben-beeinflussen (letzter Aufruf: 10.12.2023).

Vegconomist 2020. „Upfield Studie: Pflanzliche Margarinen und Brotaufstriche mit deutlich besserer Klimabilanz als Butter", 19.5.2020. https://vegconomist.de/markt-und-trends/upfield-studie-pflanzliche-margarinen-und-brotaufstriche-mit-deutlich-besserer-klimabilanz-als-butter (letzter Aufruf: 5.1.2024).

Vegconomist 2021. „Milch-Mission possible: vly auf Höhenflug", 19.10.2021. https://vegconomist.de/unternehmen/milch-mission-possible-vly-auf-hoehenflug/ (letzter Aufruf: 4.12.2023).

# Medienarbeit für den „Social Proof" 6

**Zusammenfassung**

Die Medien sind eine wichtige Zielgruppe für die Unternehmenskommunikation, aber es ist gar nicht so leicht, in die Medien zu kommen: Nur Presseinformationen, die journalistische Standards erfüllen, haben eine Chance. Grundbaustein der Medienarbeit ist die Pressemitteilung. Sie muss Nachrichtenfaktoren bedienen und in Stil, Aufbau und Sprache journalistischen Darstellungsformen entsprechen. Mögliche Anlässe sind Produktlaunches, Neuigkeiten aus dem Unternehmen und Servicetipps. Nachrichten kann man aber auch aktiv schaffen, etwa durch Studien, Aktionen und Events. Pressemeldungen gehören auch auf die eigene Website und erfordern einen gezielten Versand – über einen gut gepflegten Presseverteiler. Er enthält die Kontaktdaten der relevanten Redaktionen bei Print-, Online-, TV- und Radiomedien. Die Daten kann man „mieten", kaufen oder selber recherchieren. Auch für die Medienbeobachtung gibt es spezialisierte Dienstleister. Eine gängige Methode, um den Erfolg der Medienarbeit zu messen, ist die Ermittlung der generierten Reichweite.

Die Medien als Mittler sind für die Unternehmenskommunikation eine wichtige Zielgruppe, um Botschaften unters Volk zu bringen und die öffentliche Wahrnehmung zu beeinflussen. Positive redaktionelle Erwähnungen in Print- und Onlinemedien, im Fernsehen oder Radio sind kostenlose Werbung – und sogar wertvoller, denn sie werden stärker wahrgenommen und wirken glaubwürdiger. Wenn unabhängige Journalisten etwas empfehlen, ist das ein *Social Proof* – ein Qualitätsbeweis von Profis. Im Verhältnis zu Werbeanzeigen ist Pressearbeit oft

© Der/die Autor(en), exklusiv lizenziert an Springer Fachmedien Wiesbaden GmbH, ein Teil von Springer Nature 2024, korrigierte Publikation 2024
K. Kasper, *PR für vegane und nachhaltige Produkte*,
https://doi.org/10.1007/978-3-658-44630-7_6

auch viel günstiger. Allerdings ist die Schwelle hier auch am höchsten: Medienberichte muss man sich verdienen, man spricht daher auch von *Earned Media* – im Gegensatz zu *Paid* (bezahlten Anzeigen oder Influencer-Kooperationen) und *Owned Media* (Veröffentlichungen auf eigenen Kanälen wie der Corporate Website und den Social Media-Profilen).

Die Konkurrenz ist hart: Redaktionen werden mit Pressemitteilungen „zugeschüttet". Zusätzlich bekommen sie die Meldungen der Nachrichtenagenturen, die generell bevorzugt werden, da sie aus professionellen Redaktionen stammen und in der Regel ungeprüft übernommen werden. Aus dieser Masse an Themenangeboten müssen Journalistinnen und Journalisten die „markttauglichen" für ihre Leserschaft herausfiltern. Ihre Gatekeeper-Funktion hat sich durch die sozialen Medien und durch Klickraten zwar fundamental verändert. Aber das Einhalten inhaltlicher und formaler Standards bei Pressemitteilungen ist immer noch die erste Hürde, um von Medienschaffenden überhaupt wahrgenommen zu werden. Telefonisch sind diese allerdings kaum noch zu erreichen: Sie sitzen in Konferenzen und Homeoffices, wühlen sich täglich durch Hunderte von Emails und schreiben ihre Beiträge mit knappen Deadlines – oft nicht nur für ein Medium, sondern gleich für mehrere. Viele arbeiten auch crossmedial, das heißt, sie produzieren Beiträge für verschiedene Kanäle, ob Print, Online oder Social Media. Hinzu kommt: Die finanzielle und personelle Ausstattung der Redaktionen ist in den letzten Jahren drastisch gesunken. Medienschaffende haben immer weniger Zeit für die Recherche – und sind auf guten Input angewiesen.

Zu Pressestellen und PR-Agenturen haben viele Journalistinnen und Journalisten ein zwiespältiges Verhältnis: Einerseits liefern sie gratis Infos, andererseits fürchten Medienschaffende um den „unabhängigen Journalismus". Viele Journalisten sehen die freie Presse als „vierte Macht im Staate", die kontrolliert und Partizipation ermöglicht. Natürlich, ihre Macht hat Grenzen, etwa durch gesetzliche Regelungen zur Trennung von Redaktion und Werbung – und vor allem durch medieninterne Strukturen und kommerzielle Interessen, etwa das Anzeigengeschäft. Gleichwohl ist Unabhängigkeit das höchste Gut im Journalismus: Journalisten wollen vor allem aktuelles Geschehen einordnen und analysieren, ihr Publikum möglichst neutral und präzise informieren und Kritik an Missständen üben (zum beruflichen Selbstverständnis von Journalisten in Deutschland vgl. TU Dortmund 2023). „Einen guten Journalisten erkennt man daran, dass er Distanz zum Gegenstand seiner Betrachtung hält; dass er sich nicht gemein macht mit einer Sache, auch nicht mit einer guten Sache; dass er immer dabei ist, aber nie dazugehört", lautet die Maxime, die dem bekannten Journalisten Hajo Friedrichs zugeschrieben wird.[1]

Dieses journalistische Selbstverständnis kollidiert mit dem Wunschdenken von PR-Leuten, die ihre Themen „platzieren" wollen – und im Falle von Unternehmen mit Purpose auf den Bonus der guten Sache hoffen. Aber in den Redaktionen spielen weder die unternehmenseigenen Werte und Interessen eine Rolle, noch die im Konzern üblichen Formulierungen oder Darstellungsweisen. In den Redaktionen gelten die Regeln der Medienbranche, des jeweiligen Verlags und Mediums. Wer bei der Presse „landen" will, sollte diese Regeln kennen – vom Redaktionsschluss über die Tatsache, dass Texte ungefragt verändert werden können, bis hin zu journalistischen Vorgaben zu Aufbau und Stil. Unser eigenes Sendungsbewusstsein tritt besser in den Hintergrund.

## 6.1 Pressemeldung und Nachrichtenfaktoren

Die Pressemitteilung (auch „Pressemeldung" oder „Medieninformation") ist der Klassiker und immer noch der Grundbaustein der Medienarbeit.[2] Eigentlich müsste sie „Medienmitteilung" heißen, denn sie wendet sich nicht nur an die gedruckte Presse, sondern auch an TV- und Radio-Redaktionen, Onlinemedien und unter Umständen sogar an Blogger. Für PR-Leute sind Journalisten allerdings immer noch die wichtigste Zielgruppe (Vgl. News Aktuell 2019). Pressemitteilungen müssen auf den ersten Blick überzeugen und den Journalisten motivieren, sie komplett zu lesen. Weil die Medien so unterschiedlich sind, gibt es zwar keine einheitlichen Vorgaben, nach denen Journalisten Themen auswählen. Es lassen sich aber zentrale Faktoren ausmachen, die es als PR-Autor zu berücksichtigen gilt.

Regel Nummer eins: Die Medien dürfen nicht langweilen! Sie erfüllen die Bedürfnisse der Nutzenden nach Information und Unterhaltung. Dafür gibt es klare Erfolgsmesser wie Auflage, Visits und Page Impressions, die entscheidend sind für die Anzeigenpreise – und damit auch für die wirtschaftliche Existenzgrundlage des Mediums. Ob Input verwertet wird, hängt vom Nachrichtenwert ab. Journalistinnen und Journalisten erkennen ihn anhand der sogenannten Nachrichtenfaktoren – denjenigen Kriterien, nach denen Leser Informationen auswählen.

---

[1] Das Zitat findet sich auf dem Rückumschlag der Autobiografie von Hanns Joachim Friedrichs: „Journalistenleben", München 1994. Zu den Hintergründen vgl. Jungbluth 2021.
[2] In einer Umfrage nannten Journalisten Pressemitteilungen als nützlichste Quelle, um Inhalte oder Ideen zu generieren. Vgl. Cision 2023, S. 14.

Sie entscheiden darüber, welche Meldung in den Medien erscheint, in welchem Umfang und in welcher Aufmachung. Die Veröffentlichungschance einer Pressemeldung steigt, je mehr Nachrichtenfaktoren erfüllt sind. Die Wesentlichen:

Nachrichtenfaktoren (nach Warren 1934)

- Neuigkeit
- Nähe
- Tragweite
- Prominenz
- Dramatik
- Kuriosität
- Konflikt
- Sex
- Gefühle
- Fortschritt

Diejenigen Nachrichtenfaktoren, die mein Thema bedient, sind durch sachliche, belegbare Aussagen kenntlich zu machen. Beim wichtigsten Nachrichtenfaktor, dem zum ersten Mal kommunizierten Besonderen und Einzigartigen, könnte es also heißen: „das erste Eis aus Blumenkohl" oder „Weltpremiere: Neuartige Blumenkohl-Eiscreme von Eatkinda". Aber Vorsicht vor Übertreibungen: Derartige Superlative müssen auch wirklich zutreffen, sonst wirkt die Pressemeldung werblich und unglaubwürdig.

Nicht wirklich neu, aber durchaus aktuell können Trends, Gedenktage oder saisonale Aufhänger sein. Zu Weihnachten oder zum Grillen im Sommer bringen viele Publikumsmedien zum Beispiel Produkt- und Rezeptempfehlungen. Und nicht mehr ganz aktuelle Sachverhalte finden Interesse, wenn sie für viele Menschen wichtig sind. Hier ist es nötig, die Außenperspektive einzunehmen: unternehmensinterne Ereignisse sind für Außenstehende eher irrelevant. Wenn das Thema im Dunstkreis der Zielgruppe des Mediums spielt, kann es durch Nähe punkten. Diese kann sowohl räumlich sein, etwa weil das Startup aus der Region kommt, als auch emotional durch eine typische Situation, die jeder kennt – wie das Aufschieben guter Vorsätze.

Der wachsende Wettbewerb und die sozialen Medien fördern eine Anpassung an das Gefällige – Unterhaltung, leicht verdauliche Informationen und Sensationen. Deshalb kann es sich lohnen, ein Thema an mächtigen, reichen oder angesehenen Personen festzumachen. Das muss nicht immer der Fußballstar oder das TV-Sternchen sein. Auch Wirtschaftspolitiker, Wissenschaftler und

## 6.1 Pressemeldung und Nachrichtenfaktoren

andere führende Köpfe können als Zugpferd dienen. Den Trend zur Boulevardisierung bedient auch die Man-bites-Dog-Formel: das Leichte, Witzige lockert auf und bringt uns zum Schmunzeln. Und natürlich: Sex sells, und durch große Gefühle fühlen wir uns lebendig. Dies erklärt auch die Journalisten-Weisheit „Bad news are good news": Schlechte Nachrichten erhöhen die Aufmerksamkeit, denn sie sprechen Ängste an. In Headlines reichen schon einzelne Wörter wie „falsch", „schlecht" oder „krank", und sie werden stärker geklickt (vgl. Robertson et al. 2023). Allerdings werden Unternehmen und Organisationen es tunlichst vermeiden, mit ihren Problemen Leser zu locken. Man kann aber mit dem Bad-News-Schema spielen, zum Beispiel mit so einer Überschrift: *„Sind Fleischalternativen zu teuer?"* In der Unterzeile folgt dann die Entwarnung, gekoppelt mit einem Serviceangebot: *„Veggiewurst senkt die Preise – und bietet einen Vergleichsrechner."*

Der klassische Anlass für eine Pressemitteilung in der Produkt-PR ist der Produkt-Launch. Allerdings bringt natürlich nicht jedes Unternehmen alle paar Monate etwas Neues heraus. Ein gewisses mediales „Grundrauschen" aber ist wichtig, um überhaupt wahrgenommen zu werden. Eine Möglichkeit ist es, ein Thema generisch zu besetzen, indem ich es auf einer Metaebene angehe. Zum Beispiel: *„Die neue Generation der Fleischalternativen kann dies und das"* statt *„Unsere Fleischalternative XYZ kann dies und das"*. Das Thema wird so relevant für viele, wirkt weniger werblich und funktioniert auch bei Produkten, die nicht mehr ganz brandneu sind. Zwar ist es möglich, dass mein Produkt in dieser Geschichte nur unter ferner liefen erwähnt wird. Aber ich zahle auf die Kategorie ein und trage dazu bei, zunächst ein grundlegendes Verständnis für übergreifende Sachverhalte oder Botschaften zu schaffen.

Eine weitere Möglichkeit sind Ratgeber-News. Schließlich wollen gut drei Viertel der Journalistinnen und Journalisten dem Publikum Rat, Orientierung und Hilfestellung für den Alltag bieten – und rund 40 Prozent der Bevölkerung erwarten das auch von ihnen (TU Dortmund 2023; zur Publikumserwartung vgl. Loosen et al. 2020). Anstatt also mein Produkt oder die Produktgruppe zu fokussieren, frage ich: Welche Lebenshilfe kann ich meiner Zielgruppe bieten? Gefragt sind konkrete Tipps, klare Hilfe, wertvolle Informationen und Unterstützung, die möglichst direkt beim Handeln ansetzen und ein Problem lösen oder das Leben der Zielgruppe direkt verbessern. Zum Beispiel: *„Der Online-Modehändler XY rät zu Schmuck aus recycelten Edelmetallen."* Als Zitatgeber lässt sich so auch der Geschäftsführer meines Unternehmens oder ein anderer Mitarbeiter als Experte positionieren.

Auch Unternehmensnachrichten können interessant für Medien sein, selbst wenn man kein DAX-Konzern ist. Was gibt es Spannendes aus meinem Unternehmen zu vermelden? Gibt es neue Kooperationen, Kunden oder Geschäftszahlen?

Der Verkauf des Millionsten Liters Erbsenmilch beispielsweise war der Aufhänger für eine Erfolgsstory über das Startup Vly, die viele Wirtschaftsmedien aufgriffen. Planted schaffte es in die Fachmedien mit der News, dass die Deutsche Bahn seine vegane Bratwurst auf die Speisekarte nahm. Und der Backzutaten-Hersteller Biovegan brachte es mit seinem Neubau-Projekt in die Lokalpresse.

## 6.2 Nachrichten schaffen: Studien, Events und Aktionen

Nachrichten kann man auch aktiv schaffen. Eine gute Möglichkeit bieten Studien, über die man sein Unternehmen als Experten und Meinungsführer im jeweiligen Produkt- und Themenbereich positioniert. Die Studien kann man entweder selbst durchführen oder in Kooperation mit Marktforschungsinstituten. Die Ernährungsorganisation ProVeg beispielsweise beauftragte den Online-Dienstleister Civey, die Deutschen zu ihrer Einstellung zur Massentierhaltung zu befragen.

Low-Budget kann man auch die Ergebnisse fremder, unabhängiger Studien kommunizieren – und sein eigenes Produkt oder Unternehmen dabei ins Spiel bringen. Zum Beispiel nutzt man eine Abfrage der Deutschen Umwelthilfe zum Speiseplan in Krankenhäusern, um auf seine pflanzliche Bio-Menülinie für die Gemeinschaftsverpflegung aufmerksam zu machen. Oder man setzt über Google Surveys selbst eine Onlineumfrage auf. Besonders gern greifen Medien Umfragen zum Konsumverhalten auf. Wie zum Beispiel den „Weltenretter-Index" der Burgerkette Peter Pane, der das Interesse an Nachhaltigkeit nach Geschlecht und Alter ermittelte. Oder die Studie des Käsealternativen-Herstellers Simply V, der plakativ fragte: „Wie vegan sind Deutschlands Kühlschränke?".

Auch originelle Events und Aktionen können für Medien interessant sein. So startete Planted zum Umzug ins neue Firmengebäude einen medienwirksamen Weltrekordversuch mit einem 120 Meter langen veganen Schnitzel. Simply V eröffnete zum Aktionsmonat Veganuary ein Popup-Käsemuseum in Berlin. The Vegetarian Butcher schickte Promoter mit E-Bikes über deutsche Grillwiesen. Burger King warb im österreichischen Örtchen namens Fleischessen für sein Plant-based-Sortiment – mit von Bikes durch den Ort gezogenen Plakaten, Sujets auf allen Laternen und einem Sticker auf dem Ortschild: „Fleischessen goes Plant-based". Alpro eröffnete in Berlin eine Cocktailbar, in der man Hafermilch-Kreationen gratis probieren konnte. Und der britische Hersteller THIS trug zum Launch seines veganen Bacons in den Straßen von London das Original zu Grabe – in einem echten Sarg mitsamt Prozession und Marschkapelle.

Auch Pressetermine sind ein probates Mittel für eine Berichterstattung. Für den niederländischen Veggie-Pionier SoFine zum Beispiel luden wir in Hamburg, der Stadt der „Fischköppe", die Presse zum „Fischbrötchen for Future"-Event ein: Neben veganen Fischbrötchen gab es Vorträge einer Psychologin und einer Fischereibiologin, die Hamburger Morgenpost berichtete groß. Ein Hersteller von Soja-Fleisch könnte aber auch Medienschaffende zu einem Vorort-Termin auf ein Sojafeld bitten und über die Herausforderungen beim Anbau der Bohnen in hiesigen Breiten informieren. Und ein Hersteller von pflanzlichem Käse könnte die Produktion zeigen. Es gibt viele Möglichkeiten – der Aufwand muss gar nicht groß sein.

Die Teilnahme an Awards kann sich ebenfalls lohnen: Der deutsche Ableger von *Women's Health* beispielsweise schreibt jährlich einen „Good Food Award" für die besten Lebensmittel aus – es winkt eine kostenlose Berichterstattung im Magazin. Den Schokoladenhersteller EcoFinia brachte der Gewinn des Deutschen Nachhaltigkeitspreises in die Lokalpresse. Und Biovegan reichte schon die Nominierung für den „Großen Preis des Mittelstandes" für diverse Presseveröffentlichungen. Unternehmen und Startups mit Purpose können aber auch Journalistenpreise selbst ausschreiben. Das klingt aufwendiger als es ist: Die Preissumme muss gar nicht so hoch sein. Der Bundesselbsthilfeverband für Osteoporose beispielsweise vergab 2023 für „journalistisch hochwertige Beiträge zum Thema Osteoporose" 2000 Euro. Also warum nicht mal einen Medienpreis für Beiträge über pflanzliche Milchalternativen ausschreiben?

## 6.3 Tipps zu Aufbau, Sprache und Stil

Die Herausforderung bei der Medienarbeit liegt darin, einerseits journalistische Text- und Schreibregeln nachzuahmen und andererseits PR-Texte zu schreiben, die zu den wirtschaftlichen und kommunikativen Zielen des Unternehmens passen. Denn um bei den Medien zu landen, ist nicht nur das Thema wichtig, sondern auch, dass die Pressemeldung inhaltlich und formal den journalistischen Darstellungsformen entspricht. Das erfordert ein gutes Sprachgefühl, journalistisches Handwerk und viel Übung.

Meldung, Nachricht und Bericht: Diese drei Darstellungsformen kommen im Journalismus am häufigsten vor – ob im Politikressort oder im Sport, im Feuilleton oder in der Wirtschaft. Sie eignen sich besonders, um die Leser klar, klar, sachlich und kommentarlos zu informieren, also ohne Meinungsäußerung des Berichterstattenden.

- Die **Meldung** ist die kürzeste Darstellungsform (ca. 500 Zeichen inkl. Leerzeichen). Sie enthält die Kernaussage und einige weitere wichtige Informationen.
- Die **Nachricht** ist etwas länger (normalerweise max. 2000 Zeichen) und beinhaltet alle wesentlichen Informationen. Diese Form ist für Pressemitteilungen üblich.
- Der **Bericht** liefert zusätzliche Hintergrundinformationen zum Geschehen. Er ist für Pressemitteilungen ebenfalls geeignet, wenn das Thema genug hergibt.

Für alle drei Formen gilt: Das Wichtigste kommt zuerst. Der „Küchenzuruf", ein Begriff, der von Henri Nannen, dem Gründer und langjährigen Chefredakteur des *Stern,* geprägt wurde, bezeichnet die Quintessenz eines Textes. Er bündelt die zentrale Aussage oder Botschaft prägnant in zwei oder drei kurzen Sätzen und liefert Futter für den Titel, Zwischenüberschriften und den Texteinstieg. Darüber hinaus hilft er als „Leuchtturm" beim Selektieren von Informationen.

Die typische Nachricht (bzw. Pressemitteilung) ist in Form einer Pyramide aufgebaut. Damit der Redakteur sie leicht von hinten kürzen kann, steht an erster Stelle immer das Wichtigste. Es folgen weitere interessante Einzelheiten zum Geschehen, danach die Zusammenhänge und zuletzt eventuell weitere, aber unwesentlichere Details. Die Nachricht beantwortet zuerst möglichst alle „W-Fragen":

**Die sieben W-Fragen**

1. **Wer** ist beteiligt?
2. **Was** ist konkret geschehen?
3. **Wann** hat sich das Ereignis zugetragen?
4. **Wo** hat es sich abgespielt?
5. **Wie** ist es passiert/abgelaufen?
6. **Warum** ist es dazu gekommen?
7. **Woher** weiß der Journalist davon? (die Quellen – in der PR meist das Unternehmen)

Die W-Fragen sind auch nützlich bei der Recherche, denn sie zeigen mir, welche Informationen ich zusammentragen muss. Denn die Pressemeldung soll keine Fragen offenlassen: Journalisten haben meist keine Zeit, selbst nachzurecherchieren.

Der Aufbau einer Pressemitteilung ist sehr standardisiert:

**Elemente & Aufbau**

1. Dachzeile (optional): zentrales Stichwort oder kurze Inhaltsangabe

## 6.3 Tipps zu Aufbau, Sprache und Stil

2. Überschrift: Kernaussage
3. Unterzeile (optional): kurze Zusammenfassung des Themas
4. Spitzmarke (Ort, Datum) + Vorspann („Lead"): 1. Absatz, erfüllt Nachrichtenfaktoren und beantwortet möglichst viele W-Fragen
5. Haupttext: zusätzliche Infos, geordnet nach abnehmender Wichtigkeit
6. Abbinder: kurze Selbstdarstellung des Unternehmens
7. Bildunterschrift, Fotocredit

Der Stil der Pressemitteilung richtet sich am besten nach dem Zielmedium. Fach- und Wirtschaftsmedien bevorzugen den Nachrichtenstil. Für Magazine eignet sich Infotainment: Die Pressemitteilung nähert sich dem Nachrichtenkern mit unterhaltenden Elementen wie einem szenischen Einstieg, einem aktuellen Aufhänger oder einer launigen Einleitung. Zum Beispiel: „*Fischbrötchen gehören zu Hamburg wie die Schiffe und der Hafen. Jetzt ist es Zeit, den norddeutschen Kult-Snack neu zu genießen – mit veganem* SoFish *statt Fisch!*" Gute Chancen bei der Fachpresse haben Autorenbeiträge. Hier kommt ein Experte zu einem bestimmten Thema zu Wort, etwa der Geschäftsführer meines Unternehmens. Themen, die aktuell „heiß" sind, bieten sich an. Der Autorenbeitrag kann der journalistischen Textform Kommentar entsprechen, oder stark serviceorientiert sein. Diese Beiträge sollte man aber lieber nicht per Pressemeldung anbieten, sondern am besten telefonisch.

▶ **Do: Sprachlich gilt für Pressetexte, in welcher Form auch immer**

- kurze, leicht verständliche Sätze
- Portionieren: Ein Gedanke pro Absatz
- aktive Formulierungen (Verben!)
- dicht schreiben
- möglichst objektiv (in 3. Person) schreiben
- Zitate lockern auf und wirken authentisch
- Fakten sprechen lassen (Daten und Zahlen sollen belegt sein)
- PR-Aussagen möglichst subtil integrieren
- andere loben lassen

▶ **Don't: So weit wie möglich vermeiden**

- Fremdwörter/Fachsprache (Ausnahme: Text für Fachmedien)
- Substantivierungen und Nominalstil
- Füllwörter (insgesamt, insbesondere, dabei usw.)

- Worthülsen (innovativ, kundenorientiert, optimieren) sind unpräzise und wirken schnell werblich
- aufgeblähte Wörter (z. B. *„Aufgabenstellung"* statt *„Aufgabe"*) sollen bedeutsam klingen, erschweren aber die Verständlichkeit
- Akronyme und Abkürzungen (insbesondere firmeninterne Abkürzungen für Abteilungen, Gebäude oder Produkte)
- Werbesprache (Jubel-Adjektive wie „herausragend")
- überflüssige Adjektive
- Selbstlob

Interessant und leicht verständlich zu schreiben ist gar nicht so einfach. Gerade im Deutschen verstecken wir klare Aussagen gern hinter Passivkonstruktionen, Nominalstil und Schachtelsätzen. Dieses „Beamtendeutsch" soll bedeutsam und gebildet klingen, wirkt aber unpersönlich und schafft Distanz – genauso wie die hohlen Phrasen im Managementsprech. In der PR wollen wir genau das Gegenteil: Wir wollen Nähe, Vertrauen und Informationen vermitteln, kurz: etwas Positives erreichen. Darum heißt die Devise: Worthülsen knacken und Margarine bei die Veggie-Fische. Oder mit den Worten Schopenhauers: „Man gebrauche gewöhnliche Wörter und sage ungewöhnliche Dinge." (Schopenhauer 1851).

**Es muss nicht immer die Pressemitteilung sein**
Wichtig sind bei einer Pressemeldung auch die Begleitmaterialien: Ein gutes Foto oder eine schicke Infografik gehören unbedingt dazu, für Printmedien in Druckqualität von mindestens 300 dpi. Manche Infografiken funktionieren sogar ohne Pressemitteilung, weil sie so aussagekräftig und selbsterklärend sind. Für Onlinemedien kann auch ein Video interessant sein, viele Redakteure arbeiten ja ohnehin crossmedial. Unbedingt sollte man den Inhaber der Bildrechte – meist das Unternehmen – und ggf. den Namen des Fotografen mitliefern, da Medien dazu verpflichtet sind, diesen bei der Nutzung zu nennen (Fotocredit).

Es muss auch nicht immer die Pressemitteilung sein. Manchmal ist ein knapper Themenvorschlag – auch „Exposé" oder „Pitch" genannt – erfolgsversprechender. Beim Storypitching gilt es, mit wenigen Zeilen den Redakteur von unserer Idee zu überzeugen. Und damit er in der Themenkonferenz mit unserem Vorschlag glänzen kann, müssen wir ihn für diesen Auftritt bestmöglich wappnen. Der Themenvorschlag entspricht dem ersten Absatz einer Pressemeldung, dem *Lead,* und es gelten dieselben Sprachregeln. Performance-orientierte Redaktionen im Online- und Social Media-Bereich müssen wir oft noch früher individuell ansprechen, um gemeinsam mit dem Medium herauszufinden, wie die Story crossmedial oder zugeschnitten auf einzelne Kommunikationskanäle funktionieren kann.

Der gute alte analoge Redaktionsbesuch bietet sich insbesondere für Lifestyle-Produkte an, die von Demonstrationen und einer gustatorischen Erfahrung profitieren. Er ist günstiger als eine Pressekonferenz oder ein Themenevent, und der Nachrichtenwert muss nicht ganz so hoch sein. Nach der Terminvereinbarung sollte man der Redaktion kurz vorher nochmal einen Reminder schicken und sein Rüstzeug bereiten: eventuell eine Präsentation (Netzkabel nicht vergessen!) und natürlich die Produkte, die zum Beispiel live verkostet werden sollen.

Insbesondere für Startups sind außerdem einige Basis-Pressetexte sinnvoll: ein Unternehmensporträt, ein Factsheet, eventuell auch ein Q&A oder ein Hintergrundtext. Wenn unser Unternehmen zum Beispiel Lebensmittel mit Präzisionsfermentation herstellt, könnten wir diese neuartige Technologie in einem separaten Dokument erläutern. Oder wir stellen schlagkräftige Antworten auf immer wieder aufkommende (kritische) Fragen zusammen, etwa zu Zutaten, Herstellung oder Nachhaltigkeit unserer Produkte. Diese Dokumente gehören in den Pressebereich auf der Website und können zudem interessierten Medienschaffenden als Hintergrundinfos geschickt werden.

## 6.4 Tools für die Medienarbeit

Wenn man in den Medien präsent sein will, ist eine gute Pressemitteilung wichtig. Aber man muss auch dafür sorgen, dass sie zu den Medien gelangt, die sich dafür interessieren – und zwar gezielt, nicht nach dem Gießkannen-Prinzip. Wer einmal als Spammer dasteht, wird ignoriert, blockiert – oder aufgefordert, künftig doch bitte keine Mails mehr zu schicken. Der Presseverteiler ist daher das Herzstück der Medienarbeit. Er enthält die Kontaktdaten der relevanten Redakteurinnen und Redakteure bei Print-, Online-, TV- und Radiomedien. Die Daten kann man „mieten" oder kaufen. Zum Beispiel bei Anbietern von Datenbanken und PR-Software wie Zimpel, Cision, Stamm oder Meltwater, die optional auch den Versand übernehmen und verschiedene Analyse-Tools bieten. Oder bei News Aktuell: Das Tochterunternehmen der Deutschen Presseagentur (dpa) nutzt die Daten von Zimpel und übermittelt Pressemitteilungen von Unternehmen mit dem sogenannten Originaltextservice (ots) auf demselben Weg wie dpa-Meldungen. So gelangen die Pressemeldungen per Satellit oder Internet direkt in die Redaktionssysteme. Der Service ist allerdings nicht ganz billig und empfiehlt sich nur für substanzielle Meldungen für die Tagespresse – ergänzend zum eigenen Verteiler.

Beim Verteiler Marke Eigenbau tut viel Handarbeit not – vom Googeln, wer in letzter Zeit über mein Thema berichtet hat, über das Stöbern in Branchen-Datenbanken wie der von Kress.de bis zum Abklappern von Zeitschriftenläden und Studieren von Impressen. Die Kontaktdaten der Redakteurinnen und Redakteure sammelt man am besten in einer Excel-Liste, die dann fortlaufend aktualisiert wird. Denn in vielen Redaktionen herrscht eine hohe Fluktuation, Zuständigkeiten ändern sich und auch neue Titel entstehen und verschwinden schnell wieder. Und um einen automatisierten Versand von Pressemeldungen zu ermöglichen, sind einheitliche Tabellen und Spalten sinnvoll. Diese könnten zum Beispiel so heißen:

**Presseverteiler**

- Medium (Name der Publikation)
- Verlag
- Gattung (Print/Online)
- Anrede
- Vorname
- Nachname
- Ressort (z. B. Politik, Wirtschaft, Lifestyle)
- Position (z. B. freier Journalist, Chefredakteur, Online-Redakteurin usw.)
- Telefon (Fax braucht heute niemand mehr)
- E-Mail
- Straße, Hausnummer
- PLZ
- Stadt
- Land
- Kommentar

Je nach Gattung haben die Medien unterschiedliche Vorlaufzeiten – monatlich erscheinende Magazine bis zu drei Monaten. Da werden im Spätsommer schon die Weihnachtsausgaben produziert. Onlineredaktionen hingegen kennen weder Redaktionsschluss noch Sendetermin. Das sollte man bei der Ansprache berücksichtigen, ebenso wie die Ressorts: Diese thematischen Zuständigkeiten sind die Wahrnehmungsstruktur des Journalismus. Nur Themen, die in einer Redaktion strukturell verankert sind, werden wahrgenommen. Fast alle großen Wirtschaftstitel haben zudem Redakteurinnen oder Redakteure, die sich speziell um Startups kümmern. Manchmal richtet sich die Zuständigkeit auch nach der Branche, etwa Energie und Transport, Konsumgüter oder Digitales. Es macht also Sinn, seine Pressemeldung exakt auf ein Ressort zuzuschneiden und dem zuständigen Redakteur persönlich zu schicken.

Postanschriften sind hilfreich zum Beispiel für persönliche Einladungen, Redaktionsbesuche oder den Versand von Produktmustern. Das Land bzw. die Stadt ist wichtig für die lokale Relevanz. Zudem ist es hilfreich, persönliche Kontakte und andere interessante Details in der Tabelle zu dokumentieren. Und da für die Fachpresse oft andere Informationen relevant sind als für Publikumsmedien, empfiehlt sich für sie ein eigenes Worksheet. Das gleiche gilt für Hörfunk- und TV-Medien sowie Podcasts.

Versenden kann man seine Pressemeldungen dann per E-Mail (die Adressaten unbedingt auf Bcc setzen, niemals im offenen Verteiler!) oder mit einem Mailing-Tool wie Mailchimp oder Sendinblue. Diese bieten den Vorteil, dass es einen einfachen Abmeldelink gibt und man sehen kann, wie viele Empfänger die Mail wann geöffnet haben. Andererseits ähneln die Mails optisch typischen Werbe-Newslettern, was den Erfolg der Pressemeldung schmälern könnte. Zusätzlich zum Versand kann man seine Pressemeldungen noch in kostenfreie Presseportale wie zum Beispiel openpr.de einstellen. Diese nützen zwar nichts fürs Google-Ranking und erreichen auch kaum Medienschaffende. Aber sie schaden auch nicht, sofern sie nicht zu viele Dofollow-Links auf die eigene Website enthalten. Dafür erhöhen sie die Visibility im Internet.

### 6.4.1 Der Online-Pressebereich

Natürlich sollten die Pressemeldungen auch auf die Corporate Website gestellt werden. Hier empfiehlt sich ein eigener Pressebereich mit Pressetexten und Fotos zum Download. Die Fotos sollten hoch aufgelöst (mindestens 300 dpi) und mit einem Urhebernachweis („Fotocredit") versehen sein. Die Pressemeldungen stellt man am besten als offene Worddokumente zur Verfügung – für einfaches Copy-Paste. Der Pressebereich im Netz bietet Journalisten eine wichtige Hilfe beim Recherchieren. Und er kann sogar den Ausschlag geben, ob sie über ein Unternehmen berichten oder nicht. Denn langes Herumsuchen auf einer Website nervt – und schreckt ab. Der Pressebereich sollte mit nur einem Klick von der Startseite aus erreichbar sein – per „Presse"-Link in der Menüleiste oder im Footer.

Wichtigster Inhalt der Presseseite ist zudem der Pressekontakt: Emailadresse, Telefonnummer und am besten der Name des zuständigen Menschen. Denn ja, auch Journalistinnen und Journalisten sprechen lieber mit einer namentlich genannten Person als mit einem Anonymus. Und wenn auf der Website nur eine presse@... oder, noch schlimmer, nur eine allgemeine info@-Adresse steht, klingt das für Medienschaffende wenig zielführend: Hier eine schnelle und kompetente Antwort zu bekommen, ist eher unwahrscheinlich. Mir haben schon Kunden Emails von Journalisten weitergeleitet, die tagelang in irgendwelchen Sammel-Mail-Accounts vor sich hingedümpelt hatten – bestenfalls beantwortet mit einem völlig unpassenden Autoreply. Das ist so, wie wenn Hollywood anruft – und niemand geht ran! Damit hat sich die Sache dann meistens auch erledigt. Denn solange können Journalisten kaum warten. Bei der Medienarbeit muss man schnell reagieren: maximal 24 Stunden bis zur Antwort, bei TV-Redaktionen gerne binnen weniger Stunden.

Nun haben kleine Unternehmen oder Startups oft noch gar keinen eigenen Pressemenschen. Dann kann man einfach den Namen des zuständigen Kollegen oder der Kollegin nennen. Wichtig ist, dass sich diese Person auch wirklich zeitnah um die Anliegen der Journalisten kümmert – und im Urlaub oder bei Krankheit eine Vertretung hat. Wer eine PR-Agentur beschäftigt, kann natürlich auch den Namen und die Kontaktdaten der dort zuständigen Person einsetzen. Hauptsache, es wird auf der Website mindestens ein persönlicher Ansprechpartner für die Presse genannt. (Bei größeren Konzernen gibt es meist mehrere Pressekontakte, die verschiedenen Unternehmensbereichen oder Themen zugeordnet sind.)

Auch bisherige Presseveröffentlichungen können im Pressebereich verlinkt oder als PDF zum Download angeboten werden. (Aber Vorsicht: Wer fremde Inhalte auf seine Website stellt, muss die Nutzungsrechte haben!) So eine Presseschau hilft Journalisten beim Recherchieren und beweist, dass dieses Unternehmen berichtenswert ist. Angenehmer Nebeneffekt: Ein Pressebereich zieht auch bei Kunden und Geschäftspartnern. Auch sie klicken gern mal rein. Und sichtbare Presseerfolge zeigen ihnen, dass dieses Unternehmen es voll drauf hat!

### 6.4.2 Nachfassen – wie weit kann ich gehen?

Gute Pressemitteilungen bei themenspezifischen, gepflegten Verteilern und ein Pressebereich auf der eigenen Website sind nach wie vor effiziente Kommunikationsmittel. Auch das – am besten telefonische – Nachfassen hat weiterhin seine Berechtigung. Denn es erhöht deutlich die Wahrscheinlichkeit, dass eine Pressemitteilung beachtet und redaktionell verwertet wird. Andererseits will die Hälfte der Medienschaffenden, dass man sich nach dem Versand *nicht* mehr meldet. Und wenn doch, dann am besten nur einmal und das zwei bis drei Tage nach dem Versand des Themenvorschlages (Vgl. Cision 2023). Wichtig ist es daher, dass man den Redaktionen einen Mehrwert bietet – beispielsweise eine exklusive Zusatzinformation, weitere Bilder oder eine „Verlängerung" des Themas.

Allerdings ist der telefonische Austausch sehr schwierig geworden. Signaturen von Medienschaffenden weisen häufig keine Telefonnummer mehr aus. Viele Zentralen von Medienhäusern dürfen nicht zu einzelnen Redakteuren durchstellen, Redaktionssekretariate können es nicht aufgrund von hybriden oder Remote-Lösungen. Und Pool-Lösungen in Redaktionen machen es immer schwerer, einzelne Personen zu Fachthemen anzusprechen. Twitter und vor allem LinkedIn sind zwar hilfreiche Arbeitsmittel, um mit den Medien Kontakt aufzunehmen, können das persönliche Gespräch aber nicht ersetzen.

Wenn man es geschafft hat, zum Redakteur durchzudringen, sollte man das Gespräch mit der höflichen Frage einleiten: „Haben Sie kurz Zeit für einen Themenvorschlag?". Dann kann man das Thema noch einmal kurz umreißen (Was ist so spannend daran?) und das Zusatzmaterial anbieten. Wenn der Redakteur Interesse zeigt, kann man nach einigen Tagen noch einmal nachhaken. Aber Achtung: Telefonterror hinterlässt verbrannte Erde!

Wann der richtige Zeitpunkt für einen Anruf ist, hängt vom Medium ab – der Erscheinungsrhythmus bestimmt die Abläufe der Redaktion. Bei Tageszeitungen beispielsweise wird am Vormittag das einlaufende Material sortiert, in Konferenzen werden die Themen besprochen und vergeben, Recherchen laufen an. Erst am Nachmittag wird geschrieben und gelayoutet. Die letzten Beiträge werden kurz vor Redaktionsschluss am Abend fertig. Anrufe stören eigentlich immer – am späten Vormittag vielleicht etwas weniger. Tipp: Rufen Sie gegen elf Uhr an.

### 6.4.3 Erfolge der Medienarbeit messen

Medienarbeit hat einen Wert, aber was kann ich tun, damit dieser Wert auch gesehen wird? Medienberichte können Einstellungen ändern, Imagewandel herbeiführen, den Bekanntheitsgrad erhöhen… Exakt messbar sind solche abstrakten Werte aber nur mit erheblichem Aufwand, etwa durch Umfragen. Gleichwohl ist Medienarbeit dasjenige PR-Instrument, dessen Erfolg sich am leichtesten messen lässt – zumindest quantitativ. Denn wenn Zeitungen, Magazine, Radio oder Fernsehen die Informationen aus meiner Pressestelle übernehmen, ist das ein leicht feststellbarer Erfolg.

Eine gängige Methode ist die Ermittlung der generierten Reichweite – also der Anzahl der Personen, die durch die verschiedenen Medien erreicht wurden (auch: „Kontakte"). Sie berechnet sich je nach Kanal wie folgt:

**Reichweite ermitteln**

- Print: verbreitete Auflage × LpE (Leser pro Exemplar)
- Internet: monatliche Visits / 30 Tage
- TV: Zuschauer gesamt pro Sendung
- Hörfunk: durchschnittliche Hörerzahl des Senders
- Social Media: Abonnenten (Facebook, Instagram) bzw. Aufrufe (YouTube)
- Newsletter: Abonnenten

Die verbreitete Auflage ist die Summe der verkauften und kostenlos verteilten Exemplare, ermittelt von der Informationsgemeinschaft zur Verbreitung von Werbeträgern (IVW). Sie wird multipliziert mit der Anzahl der Leser pro Exemplar, welche wiederum die Allensbacher Markt- und Werbeträgeranalyse (AWA) erhebt. Für die Ermittlung der Reichweite im Internet werden die Besuche pro Monat und Domain (nach IVW) durch die Zahl 30 geteilt und damit auf einen Tag umgerechnet. Die TV-Zuschauer (lineares TV und Streaming) sind Durchschnittswerte, die bei Media Control und AGF Videoforschung eingekauft werden. Die Radiohörer werden von der Agma Radio ermittelt.

Daneben gibt es noch weitere Kennzahlen wie zum Beispiel die Anzahl der Veröffentlichungen, die Tonalität, Platzierung, Aufmachung und Größe eines Artikels, die Nennung einer bestimmten Botschaft und der Werbewert (Anzeigenäquivalenzwert, kurz: AÄW). Diese *Key Performance Indicators* (KPIs) lassen sich mit einigem Aufwand in einer Medienresonanzanalyse ermitteln und bewerten. Medienbeobachtungsdienste wie zum Beispiel Cision oder Landau Media bieten diese Services optional an neben dem klassischen Presseclipping – also dem Sammeln der Print-Ausschnitte und Onlinetreffer.

Natürlich kann man auch selbst die Augen offenhalten. Für Pressemenschen ist die tägliche Lektüre relevanter Medien ohnehin Pflicht, viele TV- und Radiosendungen sind in Mediatheken online einsehbar. Für die Internetsuche kann man zudem Schlagworte googeln und Google Alerts erstellen. Für das Vervielfältigen und Verbreiten von Artikeln in (digitalen) Pressespiegeln müssen nach deutschem Recht allerdings Lizenzen bei der PMG Presse-Monitor GmbH erworben werden. Die Lizensierung können Unternehmen dort unter pressemonitor.de selbst vornehmen, oder das übernimmt der beauftragte Medienbeobachtungsdienst.

# Literatur

Cision 2023. „State of the Media. Wie Journalisten in Deutschland arbeiten und was sie von PR-Profis erwarten", 14.8.2023, https://www.cision.de/ressourcen/whitepaper/ebooks/state-of-the-media-report-2023-deutschland/download/ (letzter Aufruf: 18.12.2023).

Jungbluth, R. 2021. „Mit keiner Sache gemein? Die Wahrheit über das Hanns-Joachim-Friedrichs-Zitat", in: *Uebermedien,* https://uebermedien.de/64851/mit-keiner-sache-gemein-die-wahrheit-ueber-das-hanns-joachim-friedrichs-zitat/. 2.11.2021 (letzter Aufruf: 15.12.2023).

Loosen, W. et al. 2020. Was Journalisten sollen und wollen. (In-)Kongruenzen zwischen journalistischem Rollenselbstverständnis und Publikumserwartungen, Hamburg 2020, S. 19. https://www.hans-bredow-institut.de/uploads/media/default/cms/media/vhj8v7a_AP49Was%20Journalisten%20wollen%20und%20sollen.pdf (letzter Aufruf: 17.12.2023).

News Aktuell 2019. „Journalisten bleiben die wichtigsten Influencer für PR-Profis" (Pressemeldung), 24.4.2019. https://www.presseportal.de/pm/6344/4251788 (letzter Aufruf: 15.12.2023).

Robertson, C.E. et al. 2023. "Negativity drives online news consumption", in: *Nature Human Behaviour,* Mai 2023, Bd. 7, S. 812–822. https://www.nature.com/articles/s41562-023-01538-4 (letzter Aufruf: 15.12.2023).

Schopenhauer, A. 1851. Parerga und Paralipomena, Bd. 2, Kap. 23: Über Schriftstellerei und Stil, Berlin.

TU Dortmund 2023. „Journalismus & Demokratie. Ergebnisse der Journalismus-Befragung". https://www.journalismusstudie.fb15.tu-dortmund.de/journalismus-und-demokratie/journalistinnen/ (letzter Aufruf: 15.6.2024).

Warren, C.N. 1934. Modern News Reporting, University of California.

# Das neue Normal kommunizieren – auf allen Kanälen

**7**

> **Zusammenfassung**
>
> Vegane und nachhaltige Produkte sind in vielen Köpfen noch negativ konnotiert. Für ein Reframing braucht es neue Narrative. Immer wichtiger werden dabei firmeneigene Kanäle wie Website und Blog, Newsletter und Social Media-Profile. Mithilfe von Content Marketing können Unternehmen und Startups mit Purpose ihre Produkte hier nahbar, greifbar und emotional machen. Das gelingt besonders gut mit Storytelling: Geschichten, die Zahlen und Fakten mit Gefühlen und Bildern verbinden, bleiben besser im Gedächtnis haften, können zum Handeln motivieren und werden im Idealfall sogar weitererzählt. Auch Influencer können entsprechende Botschaften gut über Social Media vermitteln – vorausgesetzt, sie sind authentisch und passen zur Marke. Es gilt, ein ganzes Paket an Kommunikationsmaßnahmen zu schnüren und diese über die verschiedenen Kanäle hinweg so zu vernetzen, dass Synergie- und Verstärkereffekte entstehen. Unterstützung bieten Agenturen oder freie PR-Profis – die sorgfältig auszuwählen sind.

Media Relations sind nur ein Baustein in einer integrierten Kommunikationsstrategie. Und mit schwindenden Printauflagen und schrumpfenden Redaktionen wird die Abnehmerseite für Presseinformationen immer kleiner. Immer wichtiger für die externe Kommunikation werden *Owned Media:* die eigenen Kanäle wie Website und Blog, Newsletter und Social Media-Profile. Unternehmen und Startups haben hier die volle Kontrolle und können ihre Inhalte deutlich kostengünstiger verbreiten als über *Paid Media*. Allerdings sind Unternehmen eine weniger glaubwürdige Quelle als unabhängige Medien. Umso wichtiger ist guter, unique Content. Dessen Erstellung ist mit Zeit und Kosten verbunden, zahlt sich aber auch in Sachen SEO aus: Um für die Suchmaschine eine Rolle zu spielen, produziert die Parfümeriekette Douglas beispielsweise Hunderte von Webseiten, die nur über Inhalte und Beratung gehen – zum Beispiel für Schwangere, die bestimmte Themen googeln.

Doch wie sieht Content aus, der Kindern, Jugendlichen und Erwachsenen Lust macht, vegane und nachhaltigere Produkte zu konsumieren? Und über welche Kanäle erreicht man die Konsumenten am besten? Fest steht: Die Menschen wollen mit Informationen dort abgeholt werden, wo sie sich bereits aufhalten: im Internet, in den sozialen Medien, in Apps oder am PoS, also im vertrauten Supermarkt oder Discounter vor Ort. Jeder Touchpoint der Stakeholder Journey – vom Shelfwobbler über den Instagram-Post bis zur Innenseite der Verpackung – alles spielt zusammen. Für jüngere Menschen sind digitale Kanäle und soziale Medien sogar die wichtigsten Informationsquellen. Um die Menschen über diese Kanäle zu erreichen, müssen Hersteller vegane und nachhaltige Produkte nahbar, greifbar und emotional machen. Das gelingt mithilfe von Content Marketing.

Als der österreichische Extremsportler Felix Baumgartner aus 40 Kilometer Höhe mit dem Fallschirm aus der Stratosphäre sprang, gingen die Bilder um die Welt. Sponsor Red Bull freute sich über die mediale Aufmerksamkeit – und Kommunikationsexperten läuteten eine neue Ära ein: das Content Marketing. Denn bei der spektakulären Aktion von Red Bull stand nicht mehr das Produkt nebst plattem Werbespruch im Vordergrund, sondern eine spannende Geschichte – also „Content". Und den verbreitete das Unternehmen über seine eigenen Zeitschriften, TV-Produktionen und YouTube-Kanäle.

Zwar ging es auch beim guten alten Corporate Publishing schon darum, dass Unternehmen interessante Themen für verschiedene Kanäle aufbereiten, von der Pressemeldung über Artikel in Mitarbeiter- und Kundenmagazinen bis zur Onlinenews. Doch heute kommen zig Social Media-Plattformen hinzu, Blogs und Werbeformate wie Native Advertisement und Sponsored Content. Sie können riesige Reichweiten erzielen und Inhalte viel glaubwürdiger wirken lassen als klassische Werbeanzeigen. Längst haben deshalb Social Media-Manager, Content-Strategen und Onlinemarketing-Experten in größeren Unternehmen Einzug gehalten. Doch wie können auch kleinere Unternehmen und Startups ohne solche Spezialisten die Digitalisierung für ihre Kommunikation nutzen? Einen Baumgartner ins All schießen – das sprengt das Budget. Doch mit Kreativität und Know-how kann man auch mit begrenzten Mitteln und ohne eigenes Medienimperium erfolgreiches Content Marketing betreiben.

Unternehmen sollten deshalb einen Multi-Channel-Ansatz verfolgen und ihre Informationen auch über ansprechende Inhalte in den sozialen Medien und

Partnerschaften mit Influencern verbreiten. Eine transparente Kommunikation beispielsweise über die Zutaten, die Beschaffung und die Produktionsmethoden von Fleischalternativen kann die Verbraucherstimmung positiv beeinflussen. Die Unternehmen können mit Mythen und Missverständnissen aufräumen, Vertrauen aufbauen und Verbraucher dazu inspirieren, fundierte Entscheidungen zu treffen. Beim Erstellen der Inhalte gilt: Verführen, nicht belehren. Begeistern, nicht erziehen. Und: Je zielgerichteter, desto besser. (Das ist wie beim Design: Ich möchte vielleicht, dass jeder mein Produkt kauft. Aber es ist kaum möglich, etwas zu entwerfen, das jedem gefällt.) Um Wirkung zu entfalten, braucht Kommunikation ein klares Ziel – und eine klar definierte Zielgruppe.

## 7.1 Storytelling

Marketing, das nur rational erfassbare Vorzüge, Innovationen oder den günstigen Preis einer Marke betont, ignoriert, wie unser Gehirn funktioniert. Konsum ist ein emotionaler Vorgang, der ganz überwiegend von subjektiven Überzeugungen und Empfindungen mitbestimmt wird. Der Harvard-Soziologe Gerald Zaltman geht davon aus, dass mehr als 95 Prozent unserer Kaufentscheidungen überwiegend vom Unterbewusstsein geleitet sind.[1]

Marken, die langfristig erfolgreich sein wollen, müssen tragfähige Beziehungen aufbauen. Eine Beziehung beruht nicht nur auf Sachinformationen, Mehrwert und einer überlegenen USP. Sie entsteht – genau wie bei persönlichen Beziehungen auch – durch emotionale Bindungen. Texte emotional aufzuladen ist ein entscheidender Erfolgsfaktor im Content Marketing. Emotionale Resonanz bewegt Lesende dazu, sich mit einer Marke zu verbinden, ihr Produkt zu kaufen oder ihre Botschaft zu teilen. Das gelingt besonders gut mit Storytelling.

Storytelling heißt: Geschichte(n) erzählen. Gute Storys verbinden Zahlen und Fakten mit Gefühlen und Bildern, sodass beide Gehirnbereiche angesprochen werden: der Neokortex, der für Logik, Daten und Strategien zuständig ist, und das limbische System, dem Bilder, Gefühle und Instinkt zugeschrieben werden. Der Vorteil: Die Leute hören besser zu, denn unser Gehirn braucht Sinnzusammenhänge – sie sind der rote Faden. Details und Gefühle lassen uns das Erzählte nacherleben, hat der Princeton-Psychologe Uri Hasson herausgefunden: *„you can use storytelling as a way to transport people into your experiences and make them*

---

[1] Das gilt vor allem für den Konsumentenmarkt, weil im B2C-Geschäft bewusste, sachliche Vorgaben über der emotionalen Entscheidung stehen (vgl. Zaltman 2003).

*live your memories. (…) So storytelling is really a way to transfer our brain patterns to other people."* (Hasson 2020) Gute Storiys schaffen Verbindung und Vertrauen und können uns ins Handeln bringen. Sie können Dinge sogar wertvoll machen, wie das Experiment zweier Journalisten zeigt: Steve Fitz und Rob Walker verkauften auf Ebay billigen Schnickschnack. Begleitet mit persönlichen Geschichten, brachte er ein Vielfaches ihres Marktwertes ein.[2]

Geschichten haben die Macht, Menschen zu berühren, wachzurütteln und zum Handeln zu motivieren. Und sie geben den Anstoß, sich mit der Frage zu befassen, was wir eigentlich essen, wo die Produkte herkommen und welche Auswirkungen deren Herstellung auf die Umwelt, die Tiere und die eigene Gesundheit hat. Das stärkt die Selbstwirksamkeit, die wir mit unseren Konsumentscheidungen haben. Gerade kleine Firmen und Startups mit Purpose können diese Wirkung für sich nutzen: Das Internet hat alles transparenter gemacht und bietet die Chance, authentische Geschichten zu erzählen statt aufwendige Greenwashing-Kampagnen zu starten.

> **Beispiel**
>
> Innocent erzählt auf seiner Website die Geschichte hinter der Unternehmensgründung so:
>
> *„Damals haben wir unsere Smoothies auf einem Musikfestival angeboten und ein großes Schild mit der Frage aufgestellt, ob wir unsere Jobs aufgeben sollen, um stattdessen Drinks aus püriertem Obst zu machen. Daneben haben wir einen Mülleimer mit ‚Ja' und einen Mülleimer mit ‚Nein' platziert. Die Menschen konnten mit ihren leeren Flaschen abstimmen. Sonntagabend war der ‚Ja'-Eimer voll, also haben wir am Montag unsere Jobs gekündigt und innocent gegründet. Nicht nur unser Unternehmen, auch unsere Träume sind seither gewachsen (während unsere Drinks ungefähr gleich groß geblieben sind): Wir wollen den Menschen helfen, gesund zu leben, gut aufeinander zu achten und unsere Umwelt zu schützen. Deshalb packen wir nur die besten Zutaten in unsere kleinen Drinks, spenden 10 % unseres Gewinns für den guten Zweck und haben uns verpflichtet, bis 2025 CO2-neutral zu sein."*
>
> Der Text hätte auch so klingen können:
>
> *„innocent stellt Drinks aus püriertem Obst her. Seit seiner Gründung im Jahr 1999 ist das Unternehmen kontinuierlich gewachsen. Der Umsatz beträgt heute xx Millionen Euro, die Zahl der Mitarbeiter ist auf yy angestiegen. Innocent ist bereits*

---

[2] Siehe dazu die Website vom sogenannten Significant Objects Project: „About the Significant Objects Project", https://significantobjects.com/about/ (letzter Aufruf: 5.1.2024).

## 7.1 Storytelling

*in zz Ländern Europas aktiv und will weitere Märkte zu erschließen. Gesundheit, Soziales und der Umweltschutz sind uns wichtig. Unsere Smoothies bestehen deshalb ausschließlich aus qualitativ hochwertigen Zutaten. Wir spenden 10 % unseres Gewinns für den guten Zweck. Bis 2025 streben wir eine CO2-neutrale Produktion an."*

Der erste Text erzählt am Anfang eine kleine, persönliche Geschichte – in lockerer, humorvoller, emotionaler Sprache. Sehr wahrscheinlich bleibt hier mehr von den Botschaften hängen als im zweiten Text. Und der Leser baut eine persönliche Beziehung auf.
Welchen dieser beiden Texte haben Sie lieber gelesen?◄

Gute Geschichten transportieren Informationen spannend, leicht verständlich und „menschelnd". Idealerweise identifizieren sich Menschen mit unserem Produkt, unserer Marke oder unserem Unternehmen. Richtig gute Geschichten begeistern sogar so sehr, dass sie weitererzählt und geteilt werden.

Als Story erzählt, lassen sich auch trockene Thema so aufbereiten, dass Leser aufmerksam bleiben. Dazu gehört das Verwenden narrativer, also erzählerischer Elemente. Geschichtenerzähler informieren nicht rein nachrichtlich, sie arbeiten nicht nur die journalistischen W-Fragen ab, sondern nutzen szenische Elemente, Spannungsbögen, Metaphern, Sprachbilder, wörtliche Rede, lebendige Beispiele und kulturell verankerte Rollenmuster wie zum Beispiel „David gegen Goliath". Im Grunde bestehen alle guten Geschichten aus ein paar Grundbausteinen, die den Spannungsbogen bilden. Es braucht dafür fünf dramaturgische Elemente:

**Dramaturgie**

1. Ausgangssituation
2. Protagonist
3. Konflikt
4. Entwicklung
5. Höhepunkt/Auflösung

Indem ich den Unterschied zwischen dem aktuellen Zustand und dem gewünschten Zustand verdeutliche, erzeuge ich Spannung. Das kann Emotionen wie Unzufriedenheit und Sehnsucht hervorrufen. Der Protagonist ist am besten eine sympathische Figur, da wir uns damit besser identifizieren. Dies kann eine Firma, eine Abteilung, ein Produkt oder eine Idee sein. Der Konflikt kann auch aus Hindernissen oder Widersachern bestehen, die der Protagonist überwinden muss. Es braucht auf jeden

Fall mindestens ein Problem oder eine Herausforderung. Eine Geschichte, in der von Anfang an und jederzeit alles gut ist, langweilt. Weil sich niemand identifizieren kann mit perfekten Menschen in perfekten Situationen – das Manko vieler Werbespots.

Der Konflikt muss kein handfester sein. Er kann sich auch innerlich abspielen: Ängste, Sorgen, Zerrissenheit. Wenn die Geschichte packt, weil sie spannend ist und glaubwürdig, entstehen Verbundenheit und Identifikation mit dem Protagonisten. Die Entwicklung muss klar erkennbar sein wie ein Vorher-Nachher-Effekt. Und ein Höhepunkt ist der Erfolg – am besten ein auf das eigene Leben oder Tun übertragbares Fazit.

Erfolgreiche Storys lehnen sich oft an das Muster der „Heldenreise" an. Diese umfasst normalerweise zwölf Etappen, lässt sich aber auf drei wesentliche Schritte herunterbrechen.

**In drei Schritten zur Story**

1. Machen Sie Ihren Zielkunden zum Helden seiner eigenen Geschichte.
2. Machen Sie die Schmerzpunkte des Zielkunden zum gemeinsamen Feind.
3. Schlüpfen Sie in die Rolle des Mentors, der dem Zielkunden zeigt, wie er seinen Feind bezwingen kann (z. B. wie dein Produkt sein Problem löst).

Das Prinzip kennen wir aus griechischen Mythen, Grimms Märchen oder einem guten Hollywood-Film: Der Held hat ein Problem, er löst es und erfährt eine Transformation. Übertragen auf das Marketing bedeutet dies: Sprechen Sie Ihren Kunden direkt an! Benennen Sie konkret seine Probleme (zum Beispiel Ängste, Sorgen oder Bedenken) und wie er sich damit fühlt. Zeigen Sie Verständnis für seine Gefühle und – ganz wichtig! – sagen Sie klar, wie genau Ihr Produkt die Probleme löst. Zeigen Sie dem Kunden, wie Ihr Produkt sein Leben verändert und welchen Unterschied es für ihn macht. Sprechen Sie dabei auch die Sinne an: Wie schmeckt es? Wie riecht es? Wie fühlt es sich an? Wie sieht es aus? Das „sinnliche Erleben" schafft emotionale Verbindungen.

Längere Stories brauchen meist mehrere Spannungsbögen: Hat der „Held" ein Problem gelöst, taucht schon das nächste auf. Oft treten dann unverhofft Verbündete auf, die zur Seite stehen. Generell ist es sinnvoll zu zeigen, wie Ihre Marke oder Ihr Produkt Gemeinschaft und Zugehörigkeit fördert. Menschen sehnen sich nach Verbundenheit. Auch andere Werte lassen sich ansprechen. Und keine Sorge: Stoff für Storys gibt es in jedem Unternehmen. Es muss auch nicht immer eine „Heldenreise" sein. Fehlende Spannung lässt sich mit Entertainment-Elementen teilweise ausgleichen. Humor zum Beispiel bringt Freude und Spaß. Achten Sie aber darauf, dass der Humor zur Marke und zur Zielgruppe passt.

**Die 5 Storys, die jedes Unternehmen hat**

1. Gründer-Story
2. Company-Story
3. Kunden-Story
4. Produkt-Story
5. Branchen-Story

Die Gründer-Story ist oft verwoben mit der Company-Story. Sie beschreibt das eine besondere, konkrete Ereignis, mit dem alles begann – wie bei Innocent. Diese Geschichte lässt sich auch gut anhand einer Zeitleiste, der Werte oder von Mitarbeiterporträts erzählen. Die Company-Story kann man auf einzelne Mitarbeitergeschichten herunterbrechen, die Außenstehenden Einblicke ins Unternehmen bieten. Sie machen zum Beispiel transparent, wie Spendengelder eingesetzt werden. Auf innocentdrinks.de geht es nicht nur um Mangos, Bananen und Erdbeeren, sondern auch um konkrete Zahlen und Initiativen in den Anbaugebieten, die die Mitarbeitenden regelmäßig besuchen.

Auch Kunden und Partner machen die Marke erfahrbar. Hari&Co aus Frankreich stellt auf seiner Website und in Social Media die „Hari'culteurs" vor: Landwirte, die für die Fleischalternativen der Marke Linsen, Bohnen und Kichererbsen anbauen. Und User-Stories zeigen, wie sich ein Produkt anwenden lässt, und bieten Möglichkeiten zur Identifikation. Durch praktische Beispiele sind wir viel leichter zu überzeugen als durch abstrakte Argumente! Die Produkt-Story macht das Produkt selbst zum Helden. Auf innocentdrinks.de liest sich das etwa so:

> *„Die Hauptspeise vor der Vorspeise essen. T-Shirts mit der Innenseite nach außen auf die Wäscheleine hängen. Erst den Käse aufs Brot geben und danach die Butter. Auch wir haben eine wilde Seite. Und die mag diesen Saft mit Schwarzen Johannisbeeren, Äpfeln, Cranberrys und Heidelbeeren aus dem Wald besonders gerne. Wenn wir mal ganz verwegen drauf sind, trinken wir ihn sogar direkt aus der Flasche."*

**Beispiel**

In einer Branchen-Story lässt sich der höhere Sinn bzw. der Purpose vermitteln. Sie dreht sich zum Beispiel um den Herstellungsprozess, die Herkunft der Rohstoffe oder das Besondere eines Angebots – bis hin zum Packaging.

So inszeniert Nucao auf seiner Website die Geschichte der Schokoladenherstellung als Suche nach dem Heiligen Gral – gekrönt mit der „Erfindung" der „wohl leckersten veganen Schokolade". Dass zuvor schon andere Marken cremige vegane Milchschokoladen entwickelt hatten – *so what?* Entscheidend ist die Story mit Spannungsbogen und wahrem Kern. Nucao steht hier für freches Revoluzzertum und kulinarischen Erfindergeist. Aus diesem Narrativ leitet sich das gesamte Storytelling ab. Die Marke ist dadurch kein austauschbarer Verkäufer mehr, sondern ein Mentor, der ein begehrenswertes Lebensgefühl vermittelt. Und genau das stärkt Loyalität und Bindung. ◂

## 7.2 Soziale Medien und Influencer optimal einsetzen

Narrative können Menschen manipulieren – oder die Welt zum Besseren verändern.

Bei den bisherigen Narrativen für vegane und nachhaltige Produkte bedarf es eines Umdenkens. Denn obwohl die Akzeptanz von Tag zu Tag zunimmt, sind solche Produkte noch lange nicht die Norm, und viele Verbraucher begegnen ihnen mit Vorsicht. In ihren Köpfen dominiert noch ein negatives Framing mit Stereotypen wie „genussfeindlich", „schwach", „freudlos", „unsexy" und „künstlich". Hier braucht es neue Narrative und frische Sprachbilder für die Kommunikation. Wichtige Botschaften für ein erfolgreiches Reframing sind: „Das schmeckt ja doch/sogar!", „Ich muss ja gar nicht verzichten!" und „Andere tun es auch". Diese Botschaften lassen sich gut über Social Media und Influencer vermitteln. Denn allein schon evolutionär bedingt orientieren wir uns an Vorbildern: Sie sind für uns Hilfe und Entlastung, weil sie uns eigene Denkarbeit ersparen – die unseren Körper Energie kostet.

Schließlich sind wir nicht nur Gewohnheits-, sondern auch Herdentiere. Einer der stärksten Einflussfaktoren auf menschliches Verhalten ist: Die anderen machen es auch. Wir wollen dazu gehören – und neigen dazu, uns normgerecht zu verhalten. Dieser Konformismus ist einprogrammiert: Wir äffen andere nach und verweigern die Realität durch Überimitation. Das heißt, unser Gehirn verändert unsere Wahrnehmung, bis sie „passt" – in der Evolution war dies ein Vorteil, um kulturelle Fertigkeiten zu erlernen. Und unsere „Wirklichkeit" richtet sich nach den Worten des starken Mannes (selbst wenn der notorisch lügt) (Vgl. Klein 2022). Es gibt zwar auch Erwachsene, die sich die Neugier und die Aufsässigkeit der Kinder bewahrt haben. Aber schon die frühen Vegetarier wurden kritisch beäugt, weil sie auf das gesellschaftliche System pfiffen. Darum ist es so wichtig,

Testimonials zu zeigen: inspirierende Beispiele entlang der gesamten Wertschöpfungskette, von engagierten Produzenten bis zu begeisterten Verbrauchern. Sie tragen dazu bei, den veganen Lebensstil zu normalisieren.

Influencer sind besonders wirksam. Millionen von Menschen hören auf ihre Empfehlungen, weil sie nahbar, greifbar und emotional sind – und mitunter über eine riesige Reichweite verfügen. Das nutzt auch den Unternehmen, die mit ihnen kooperieren. So hat sich Influencer Marketing zu einem wirkungsvollen Instrument zur Beeinflussung der Verbraucherstimmung entwickelt. Ob Köche, Ernährungswissenschaftler, Sportlerinnen oder Lifestyle-Blogger: Wichtig ist, dass die Influencer meine Zielgruppe ansprechen und die Vision meines Unternehmens teilen. Denn nur dann können sie Haltung zeigen statt reines Product-Placement und authentisches Storytelling bieten statt stumpfer Rabattcode-Schlachten.

Authentizität und Qualität entstehen durch langfristige, inhaltlich stimmige Influencer Relations – sie sind der Schlüssel zum Erfolg einer Kooperation. Entmenschlichte Plattformen, auf denen Unternehmen und Influencer wie in einem Handwerkerportal zusammenkommen, sind dafür eher weniger geeignet. Eine Influencerin, die heute das an Tieren getestete Shampoo eines Kosmetikkonzerns in die Kamera hält und morgen vegane Naturkosmetik empfiehlt, wirkt schnell unglaubwürdig. Wichtig sind natürlich auch die Tonalität und das Format, die zur Zielgruppe passen müssen. Der YouTuber Rezo beispielsweise verpackt seine durchaus ernsten Botschaften in unterhaltsame Spiele („Wir testen den Veggie-Burger") oder in ruhige Livestream-Formate. Livestreams schaffen deutlich mehr Nähe als gefilterte Bilder und wirken so noch authentischer. Hier empfiehlt es sich, den Influencern weitgehend freie Hand zu lassen. Denn sie kennen ihre Zielgruppen am besten – und wissen, wie attraktiver Content für sie aussehen muss.

Die Bandbreite an geeigneten Inhalten ist groß – von einfachen, alltagstauglichen Rezepten über Geschmackstests bis hin zu persönlichen Erfahrungsberichten, die die Vorteile und Vielseitigkeit veganer und nachhaltiger Produkte aufzeigen. Ob Billie Eilish für iChoc, Bonnie Strange für Katjes oder Ellie Goulding für Spar Veggie: Prominente Vorbilder liefern den *Social Proof*, dass pflanzliche Ernährung angesagt ist – und laden zum Nachahmen ein. Denn sie schaffen es, die ernsten Themen Umweltbewusstsein, Tierschutz und persönliche Verantwortung spaßig und unbeschwert zu präsentieren.

Die Kooperationen mit Influencern können so weit gehen, dass sogar gemeinsame Produkte entstehen: Rügenwalder hat mit dem Content-Creator Paul Ripke den veganen Snack „Paulled Pork" auf den Markt gebracht, iChoc launchte in den USA eine Billie Eilish-Edition seiner veganen Schokolade und die Drogeriemarktkette dm entwickelte mit der Food-Bloggerin Bianca Zapatka eine ganze Produktreihe, von veganen Frikadellen über Pastasauce bis zu fleischfreiem Gulasch.

Mithilfe von Influencern und Social Media lassen sich auch Zielgruppen ansprechen, die vegane Ernährung eigentlich nicht so toll finden. Rügenwalder beispielsweise adressierte zum Veganuary 2023 Eltern und Großeltern – mit Cheat-Day-Tipps, Selbstversuchen skeptischer Influencer, Memes, Rezepten und Gewinnspielen. Bei einer Kampagne mit dem Schauspieler und ehemaligen Bodybuilder Ralf Möller nahm Lidl das männliche Stereotyp vom Fleisch als Stück „Lebenskraft" aufs Korn. Like Meat setzte mit Till Lindemann von der Metal-Band Rammstein noch einen drauf – verabschiedete sich aber auch schnell wieder von dem mittlerweile durch MeToo-Skandale in Ungnade gefallenen Sänger.

Die Möglichkeiten, die das Social Web Unternehmen und Startups mit Purpose bietet, sind groß. Aber auch die Risiken, Opfer eines Shitstorms zu werden – oder schlichtweg bedeutungslos. Denn hier reden alle mit – nicht mehr wie früher nur professionelle Akteure. Und Marken müssen sehr hart arbeiten, um relevant zu bleiben. Durch die schnellere Verbreitung und den drastischeren Ton werden PR-Krisen wahrscheinlicher. Kritische Kunden können im Netz ohne große Mühe herausfinden, ob Produkte halten, was sie versprechen. Sie können sich über verschiedenste Kanäle austauschen und jederzeit in Kontakt mit Unternehmen treten. Kleine, gut organisierte Gruppen sind darüber hinaus in der Lage, Shitstorms auszulösen und Marken zu kapern.

Unternehmen müssen sich deshalb für eine authentische Interaktion mit ihren Kunden öffnen und in den direkten Dialog gehen. Nur im Dialog mit den Menschen lassen sich ihre Bedürfnisse und Gewohnheiten erkennen und diejenigen Kompetenzen vermitteln, die für ihren Alltag nützlich sind. Zu einem gelungenen Community Management gehört daher vor allem eine Kommunikation aus Sicht der Zielgruppen: zuhören, Fragen stellen, diskutieren und Anstöße geben. Aber es braucht auch einen souveränen Umgang mit Lobbyisten und Hetzern, denen man bei der PR für vegane und nachhaltige Produkte unweigerlich in großer Zahl begegnet. Ignorieren ist meist keine Lösung – das heizt Abstumpfung, Leugnung und Verschwörung erst recht an.

## 7.3 Crossmediale Kommunikation organisieren

Für die Anbieter veganer und nachhaltiger Produkte ist die Wahrnehmungsschwelle die erste große Hürde. Um sie zu überwinden, braucht es ganzheitliche Kommunikations- und Kampagnenkonzepte statt einzelner Maßnahmen. Es gilt, ein ganzes Paket an Kommunikationsmaßnahmen zu schnüren und diese über die verschiedenen Kanäle hinweg so zu vernetzen, dass Synergie- und Verstärkereffekte entstehen. Die Verzahnung sollte dafür auf mehreren Ebenen stattfinden: inhaltlich, gestalterisch, zeitlich und funktional. Und zielorientiert genutzt werden sollte die gesamte bestehende Kommunikationsinfrastruktur, unter Berücksichtigung der jeweiligen medienspezifischen Vor- und Nachteile.

Dazu gehört, dass Content mehrfach verwertet wird. Nicht eins zu eins, sondern angepasst an die jeweiligen Zielgruppen und Kanäle. Den Beitrag, den ein TV-Team von der „Sendung mit der Maus" über die Herstellung der Hafermilch von Berief drehte, nahm der Mittelständler aus dem Münsterland zum Anlass für eine Pressemeldung. Mehrere Fachmedien griffen die Meldung auf, die auch in den Pressebereich und als News auf die Firmenwebsite gestellt wurde. Auf Instagram gab es ein Gewinnspiel und auf Facebook teaserten gleich mehrere Posts die Sendung an. Natürlich war der Dreh auch ein Thema auf LinkedIn, wo Berief die Sendetermine ankündigte – und hunderte Likes erntete.

Ideal für die kanalübergreifende Kommunikation ist *Snackable Content*. Dafür werden die Beiträge in einzelne Informationshäppchen zerlegt, was den Nutzern einen selektiven, individuellen Zugang ermöglicht. Sie müssen außerdem pro Portion nur eine kleine Informationsmenge „verdauen", passend zu den Nutzungsgewohnheiten bei Online-Medien. Mit Text, Audio und Video lassen sich zudem verschiedene Sinne ansprechen – das erhöht die Kommunikationswirkung. Wichtig: beim Texten auf kurze Sätze und Absätze sowie auf einfachen Satzbau achten (KISS: *Keep it short, simple*). Gut geeignet sind zum Beispiel Aufzählungen wie Listicles (10 Gründe, 5 Dinge, 7 Schritte etc.) oder Rankings (die × besten, schlechtesten, größten etc.).

Auf der Suche nach geeigneten Themen lohnt sich oft der Blick über den eigenen Tellerrand. Zum Beispiel auf die Aktivitäten in anderen Abteilungen: Großprojekte, Investitionen oder Events können interessante Geschichten in der Geschichte bieten, also medienrelevante Aspekte eines Themas. Auch neue Studien, aktuelle Trends und Ereignisse bieten sich bei der Themensuche an. Hilfsmittel für die Recherche sind Suchtrends in Echtzeit (trends.google.de) und Schlagwörter mit Google Alerts. Listen von internationalen Gedenk- und Aktionstagen finden sich ebenfalls im Netz. Solche Jahrestage kann man sogar künstlich schaffen: Iglo hat den 10. Juni zum „Tag des veganen Fischbrötchens" ausgerufen, und Alpro feiert den 17. Januar als inoffiziellen „Wirf-Deine-Jahresvorsätze-über-Bord-Tag".

Insbesondere Pressemeldungen sowie journalistische Magazin- oder Blogbeiträge sind oft die Basis für crossmediale PR. Sie liefern hochwertigen Content für Social Media, müssen aber entsprechend bearbeitet bzw. ergänzt werden:

- auf Teilaspekte herunterbrechen (ein Aspekt pro Post)
- multimedial anreichern (z. B. Downloads)
- Interaktionsmöglichkeiten bieten (Call-to-Action)
- Content nicht 1:1 übernehmen, sondern kanalspezifisch aufbereiten (Unique Content)

Um mein Publikum zu erreichen, brauche ich attraktive Inhalte: gute Fotos, Grafiken und Texte, gern auch Videos, Slideshows und Podcasts. Oft sind solche Perlen schon vorhanden im Unternehmen, man muss sie nur aufspüren. Anderes Material lässt sich weiterarbeiten. Das ganze Team sollte sensibilisiert werden, stets die Augen offen zu halten und mir mögliche Input zu schicken. Günstige oder sogar kostenlose Stock-Fotos gibt's in Bilddatenbanken (Achtung: Bildrechte beachten!) – oder man generiert die Bilder mit KI. Eigene, authentische Fotos sind aber oft besser. Handy reicht: Warum nicht bei einer vakanten Stelle für Instagram ein nettes Bild von meinem Team schießen? Oder unser Produkt vor einem originellen Hintergrund in die Kamera halten? Dazu gehört ein knackiger Text – insbesondere Onlinetexte müssen schnell zum Punkt kommen und gut formuliert sein. Das kann man einkaufen oder selbst machen, Tipps dazu gibt's online und in Schreibseminaren.[3]

Eine Möglichkeit, kostenlos an gute Inhalte zu kommen, ist das Nutzen von User-generated Content. Dazu muss man das Web nach interessanten Blogartikeln und Posts auf Facebook, Instagram & Co. durchforsten. Das können zum Beispiel Rezepte sein, in denen unser Produkt auftaucht. Diesen Content veröffentlichen wir dann als „Regram" auf unseren Kanälen. Natürlich muss man vorher die Erlaubnis einholen, aber der Aufwand lohnt sich: Viele Content Creators belohnen das Teilen ihrer Beiträge mit einem „Like" und machen damit wiederum ihre eigenen Follower auf unsere Seiten aufmerksam. Einfacher, da nicht genehmigungspflichtig, ist das Verlinken interessanter Beiträge. Ein prima Service für die Nutzer, lockt sie allerdings auch weg von unserem Angebot. Insofern externe Links lieber sparsam dosieren.

---

[3] Zum Beispiel auf meiner Website: https://kasper-kommunikation.de/wirksam-schreiben-fuers-web/. Gute Schreibseminare bietet die Akademie für Publizistik in Hamburg.

## 7.3 Crossmediale Kommunikation organisieren

Ein Blog fördert den Expertenstatus meines Unternehmens – und zahlt auf das Google-Ranking ein. Wichtig: Die Themen müssen die Zielgruppen interessieren und einen Mehrwert bieten. Man kann zum Beispiel Einblicke in die Forschung und Entwicklung gewähren oder von neuen Vertriebspartnerschaften und erfolgreichen Kundenprojekten erzählen. Viele große Konzerne haben ihre Corporate Blogs als professionelle E-Mags aufgezogen, mit vielköpfiger Redaktion. Das ist schön, muss aber nicht sein. Ein Blog mit persönlichem Anstrich tut's auch – mit Mut zur Meinung und zur Diskussion. Das bietet Futter für einen ständigen Dialog mit den Zielgruppen. Und man kann diese Content-Plattform von Facebook, Twitter, LinkedIn usw. und per Newsletter bespielen. Falls niemand im Team Zeit hat fürs Bloggen: Externe Dienstleister können unterstützen.

Für das crossmediale Arbeiten brauchen Unternehmen und Startups jemanden, der oder die den Content-Hut aufhat. Diese Person bzw. ihr Team prüft, für welche Kanäle welches Thema geeignet ist, erstellt Redaktionspläne, kümmert sich um die fristgerechte Produktion der Inhalte und misst den Erfolg. Medienhäuser arbeiten oft mit Newsrooms. Diese ermöglichen ein medien- und ressortübergreifendes journalistisches Arbeiten, meist räumlich zusammengeführt in Großraumbüro. Dieses Modell haben schon viele große Unternehmen übernommen. Ein zentraler Punkt dabei ist die Trennung nach Themen und Kanälen.

Die Themenverantwortlichen verfügen durch die vertiefte Beschäftigung eine Expertise zu den ihnen zugeteilten Themen. Sie entscheiden, welche Kanäle zu welchem Zeitpunkt für ihre Themen geeignet sind, und erstellen den Content gebündelt für alle Kanäle. Die Kanalverantwortlichen berücksichtigen die Bedürfnisse der User ihres Kanals und bereiten die Inhalte kanalgerecht auf. Sie achten also auf die passende Ansprache/Tonalität, Länge, Form, Frequenz, Publikationszeit usw. Diese themenorientierte Projektorganisation hilft, das Silodenken zu beenden. Sie ist viel flexibler und schneller als das hierarchische Arbeiten innerhalb der Abteilungsgrenzen und nutzt Ressourcen deutlich effektiver, da Doppel- und Dreifacharbeit entfällt. Und dank der Expertise für Kanäle und für Themen entwickelt sie auch mehr Kompetenzen.

Bei der Arbeitsorganisation helfen Anleitungen, Prozessbeschreibungen und Richtlinien, zum Beispiel Styleguides und Corporate Wordings. Für die Produktion von Inhalten gibt es verschiedene Content-Management-Systeme, von Software-Programmen speziell für Social Media (z. B. Hootsuite) bis hin zu Gesamtlösungen für alle Kanäle (z. B. InterRed). Ein Redaktionsplan dient der Content-Planung. Er deckt praktische Fragen zur Umsetzung ab, beispielsweise: Wann werden welche Inhalte wo veröffentlicht? Wer ist zuständig? Große Redaktionen nutzen dafür spezielle Redaktionsmanagement-Programme (z. B.

Desk-Net, Trello oder Scompler). Ein Redaktionsplan kann sehr umfangreich sein, aber auch aus einer einfachen Excel-Tabelle bestehen.

Wichtig sind Vertretungsregeln: Auch wenn jemand krank oder im Urlaub ist, sind die Kanäle des Unternehmens weiterhin offen und wollen bespielt werden. Und selbst wenn man vorübergehend nicht aktiv kommuniziert, kann jederzeit Kundenfeedback eingehen, das es zu beantworten gilt. Zudem sollten klare Abstimmungsprozesse definiert sein: Wer muss was freigeben? Spätestens bei der Krisenkommunikation sind solche Regeln Gold wert. Das gilt natürlich auch, wenn man mit externen Dienstleistern zusammenarbeitet. Die sozialen Medien sind extrem schnell – kurze Reaktionszeiten sind Pflicht.

## 7.4 Zusammenarbeit mit Agenturen

Gerade in der Gründungsphase eines Unternehmens oder beim Launch eines neuen Produkts ist externer PR-Support oft besonders vonnöten. Dann kann die PR auch mit dem wichtigsten Nachrichtenfaktor der „Neuigkeit" punkten. Aber die Zusammenarbeit mit Agenturen hat einen für kleinere Unternehmen sehr hohen Preis: Allein für die Pressearbeit rufen große Agenturen gut und gerne mehrere Tausend Euro pro Monat auf. Oft in Form eines „Retainers" – eines fest vereinbarten monatliches Honorars, das auch dann fällig wird, wenn die zugehörigen Leistungen nicht abgerufen werden. Aber wenn man die Themenfindung, das Schreiben und Versenden von Pressemeldungen, das Recherchieren der Journalisten, das Kontaktieren, Dranbleiben und Monitoren komplett abgibt, dann muss das zwangsläufig einiges kosten.

Hinzu kommt: Der Kunde muss auch die Kreativität der Agentur bezahlen – also die Veredelung der Wertschöpfung des Produkts und nicht nur die reinen Agenturleistungen. Ein McKinsey-Beratersatz liegt locker bei 8000 bis 10.000 Euro pro Tag, die meisten PR-Berater verlangen deutlich weniger. Und wie Unternehmensberater können auch sie etwas nur deshalb in kurzer Zeit erledigen, weil sie seit vielen Jahren Teil dieser Branche sind und kollektives Wissen akkumuliert haben. Und das hat eben seinen Preis.

Zudem glauben kleine Unternehmen und Startups oft, dass sie bei einer großen, bekannten und teuren Agentur den besten Service bekommen. Tatsächlich ist es aber so, dass nicht nur die Begabtesten bei Agenturen anheuern. Die Arbeitszeiten und Gehälter sind hier in der Regel deutlich schlechter als in anderen Unternehmen – wer es sich aussuchen kann, geht lieber woanders hin. (Es gibt natürlich Ausnahmen.) Die Arbeit machen dann oft Praktikanten und schlecht bezahlte, kaum ausgebildete Berufsanfänger. Das gilt besonders für die Accounts

## 7.4 Zusammenarbeit mit Agenturen

von vergleichsweise kleinen Kunden. Sie müssen schnell hinter den „Cashcows" der Agentur zurückstehen – vor allem dann, wenn die Deadlines drängen und die Ressourcen knapp sind. Die Folge sind schlechte Pressemeldungen, die wenig Resonanz finden, genervte Journalisten, die bei der nächsten E-Mail von diesem Absender direkt die *Delete*-Taste drücken, und Social Media-Profile, die kaum organisch wachsen.

Eine eigene Pressestelle lohnt sich für kleine Unternehmen und Startups allerdings kaum. Qualifizierte, erfahrene Kräfte sind teuer, und meist fällt die Wahl dann auf jemanden, der die Pressearbeit nur nebenher macht. Eine gute Alternative ist die Zusammenarbeit mit freien PR-Profis. Das spart die Kosten für den Agentur-Wasserkopf, sichert die Qualität und sorgt für Flexibilität. Der- oder diejenige sollte schon in der Branche unterwegs sein – das spart eine Menge Briefing- und Rechercheaufwand. Außerdem sollte dann schon ein passender Presseverteiler vorhanden sein, sodass aufwendiges Recherchieren von Adressen entfällt. Und vor allem weiß diese Fachkraft aus Erfahrung, welche Themen bei den Medien ziehen – und welche nicht.

Doch selbst wenn der richtige Dienstleister am Werk ist und die Story stimmt: Eine Garantie auf Veröffentlichungen gibt es in der PR nicht. Man weiß nie, wie die Medienschaffenden reagieren, die man anspricht. Ihre Themenpläne und persönlichen Vorlieben, aber auch konkurrierende Themen entziehen sich dem Einfluss der Kommunikatoren – mögen sie auch noch so viel Arbeit und Mühe hineinstecken. Der Neubau einer Firmenzentrale etwa findet in der Lokalpresse kaum Beachtung, wenn der Ort gerade vom Hochwasser überschwemmt wird. Auch deshalb ist Kontinuität in der Medienarbeit so wichtig: damit man mit immer neuen Themen und Aufhängern in den Redaktionen präsent bleibt. Im Idealfall kommen die Journalisten dann von selbst auf einen zu, wenn sie zu einem passenden Thema recherchieren.

Wichtig ist auch, dass die PR-Zuständigen alle Informationen haben, die sie für ihre Arbeit brauchen. Dazu gehören auch jene Details, die Unternehmen nicht gerne an die große Glocke hängen: Kritische Zutaten in einem Produkt? Ein unpopulärer Anteilseigner? Eine wenig nachhaltige Verpackung? Auch wenn man sich aus PR-strategischen Gründen dazu entschließt, den Mantel des Schweigens darüber auszubreiten: Kennen müssen PR-Verantwortliche solche Achillesfersen unbedingt. Sonst laufen sie Gefahr, unbewusst eine negative Berichterstattung zu provozieren – und können potenzieller Kritik nicht aktiv vorbeugen. Natürlich hat die PR hier auch eine Holschuld: Kein Kunde sollte an Bord gehen, ohne dass Ziele und Aufgaben klar formuliert sind und alle dafür nötigen Informationen vorliegen.

Wenn sich die Agentur dann noch mit dem Purpose des Unternehmens oder des Startups identifiziert, steht einer fruchtbaren Zusammenarbeit nichts mehr im Wege. Denn was hat schon einen größeren Impact, als PR für vegane und nachhaltige Produkte zu machen? PR kann bestehende Narrative verfestigen – oder echten Wandel bewirken. Verändern wir die Welt zum Besseren!

## Literatur

Hasson, U. im Interview mit Future of Storytelling 2020. „Q&A with Professor of Neuroscience Uri Hasson", in: *Medium,* 10.1.2020. https://medium.com/future-of-storytelling/q-a-with-professor-of-neuroscience-uri-hasson-b57e23476fab (letzter Aufruf: 16.6.2024).

Klein, S. 2022. „Wie entsteht Ideologie?", in: *Zeitmagazin,* 18/2022, 23.5.2018, S. 20–23. https://www.zeit.de/zeit-magazin/2018/22/ideologie-soziologie-wahrnehmung-wirklichkeit-macht-demokratie (letzter Aufruf: 28.12.2023).

Zaltman, G. im Interview mit Mahony M. 2003. „The Subconscious Mind of the Consumer (And How To Reach It)", in: *Harvard Business School,* 13.1.2003. https://hbswk.hbs.edu/item/the-subconscious-mind-of-the-consumer-and-how-to-reach-it (letzter Aufruf: 26.12.2023).

# Erratum zu: PR für vegane und nachhaltige Produkte

**Erratum zu:**
**K. Kasper,** *PR für vegane und nachhaltige Produkte,*
**https://doi.org/10.1007/978-3-658-44630-7**

Die Kapitel [Nr. 2/Unsere Zielgruppen – oder: die Schizophrenie der Konsumenten und 5/Fakten, Fakten, Fakten: Impact messen und veranschaulichen] wurden versehentlich vor Ausführung aller Korrekturen veröffentlicht. Sie wurden deshalb nachträglich aktualisiert. Grundlegende Inhalte waren nicht betroffen.

Aufgrund eines bedauerlichen Versehens seitens der Produktion fehlte die Zusammenfassung jedes Kapitels in der ursprünglich veröffentlichten Fassung.

---

Die aktualisierte Version des Buches finden Sie unter
https://doi.org/10.1007/978-3-658-44630-7

© Der/die Autor(en), exklusiv lizenziert an Springer Fachmedien Wiesbaden GmbH, ein Teil von Springer Nature 2024
K. Kasper, *PR für vegane und nachhaltige Produkte,*
https://doi.org/10.1007/978-3-658-44630-7_8

MIX
Papier aus verantwortungsvollen Quellen
Paper from responsible sources
FSC® C105338

If you have any concerns about our products,
you can contact us on
ProductSafety@springernature.com

In case Publisher is established outside the EU,
the EU authorized representative is:
**Springer Nature Customer Service Center GmbH
Europaplatz 3, 69115 Heidelberg, Germany**

Printed by Libri Plureos GmbH
in Hamburg, Germany